最严格水资源管理实践与展望

以湖北省为例

熊昱　华平　编著

长江出版社
CHANGJIANG PRESS

图书在版编目（CIP）数据

最严格水资源管理实践与展望：以湖北省为例 / 熊昱，华平编著.
—武汉：长江出版社，2022.12
ISBN 978-7-5492-8669-0

Ⅰ．①最… Ⅱ．①熊… ②华… Ⅲ．①水资源管理 –
研究 – 湖北 Ⅳ．① TV213.4

中国版本图书馆 CIP 数据核字 (2022) 第 251796 号

最严格水资源管理实践与展望：以湖北省为例
ZUIYANGESHUIZIYUANGUANLISHIJIANYUZHANWANG : YIHUBEISHENGWEILI
熊昱 华平　编著

责 任 编 辑：　郭利娜
装 帧 设 计：　蔡丹
出 版 发 行：　长江出版社
地　　　址：　武汉市江岸区解放大道 1863 号
邮　　　编：　430010
网　　　址：　http://www.cjpress.com.cn
电　　　话：　027-82926557（总编室）
　　　　　　　027-82926806（市场营销部）
经　　　销：　各地新华书店
印　　　刷：　武汉市首壹印务有限公司
规　　　格：　787mm×1092mm
开　　　本：　16
印　　　张：　9.25
字　　　数：　230 千字
版　　　次：　2022 年 12 月第 1 版
印　　　次：　2022 年 12 月第 1 次
书　　　号：　ISBN 978-7-5492-8669-0
定　　　价：　46.00 元

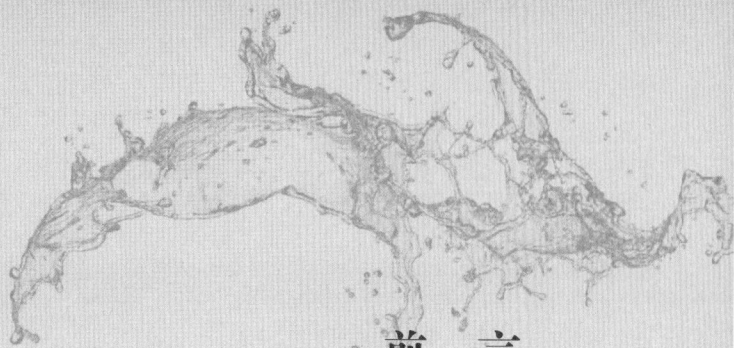

前 言
PREFACE

　　水是生命之源、生产之要、生态之基，是基础性自然资源和战略性经济资源，也是生态与环境的控制性要素。为实现水资源可持续利用支撑经济社会可持续发展，2012年1月国务院印发《关于实行最严格水资源管理制度的意见》（国发〔2012〕3号），要求明确水资源开发利用控制红线、水功能区限制纳污红线、用水效率控制红线，实行最严格的水资源管理制度。这项制度的建立与实施，对解决我国复杂的水资源、水环境问题，实现经济社会的可持续发展具有深远意义和重要影响。

　　湖北地处长江中游，水系发达，河流纵横，湖库棋布，素有"千湖之省"的美誉，是三峡库区和南水北调中线工程核心水源区所在地，肩负着确保一江清水东流、一库净水北送的重大责任。水是湖北最大的资源禀赋、最大的发展优势，同时也是最大的安全隐患。水资源问题已成为湖北经济社会可持续发展的重要制约因素，实行最严格水资源管理制度对于湖北意义重大。湖北实行最严格水资源管理制度10年来，在省委、省政府的正确领导和大力支持下，全省各级水行政主管部门全面贯彻习近平生态文明思想，牢固树立五大发展理念，积极践行新时期水利工作方针，坚持生态优先、绿色发展的战略定位，坚持以水定需、量水而行、因水制宜，坚持人口规模、发展布局与水资源环境承载能力相匹配、相均衡，坚持把保护和改善水生态环境摆在首要位置，加快推动从供水管理向需水管理转变、从粗放用水方式向集约用水方式转变、从过度开发水资源向主动保护水资源转变、从单一治理向系统治理转变，统筹解决水安全、水生态、水环境问题。建立了规划水资源论证、计划用水、取水许可、水资源有偿使用等制度，严控用水总量。推行了用水定额管理，落实节水设施"三同时"制度，提高用水效率。加强水功能管理和排污口管理，强化饮用水水源地保护，实行纳污总量控制，改善江河湖库水体水质。加大执法力度，对触碰"三条红线"的行

前 言
PREFACE

为实行"零容忍",让水资源管理"红线"真正成为水环境的"警戒线"、水生态的"保护线",成功探索了南方省份实行最严格水资源管理的典型经验和具有湖北特色的有效做法。

《最严格水资源管理实践与展望——以湖北省为例》一书,参考长江水资源保护科学研究所多年来在湖北省开展的相关研究成果和资料,介绍了最严格的水资源管理制度基本内容,系统梳理总结了湖北最严格水资源管理制度的好经验、好做法、好制度和可操作的好案例等。本书参考了国内外水资源和水环境保护专家、学者的相关著作,吸收了相关领导、专家、学者的先进思想和成果。本书提出的一些水资源管理观点,难免也有疏漏之处,但不失为一本水资源管理的好成果、好示范、好资料。本书的出版将为全国特别是湖北省的最严格水资源管理提供有益经验和借鉴,进一步促进水资源管理和保护工作,为实行水资源的可持续利用和河湖健康保障做出应有贡献。

作 者
2022 年 10 月

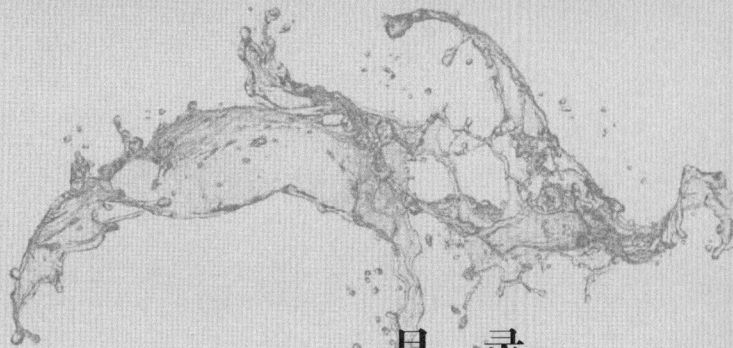

目 录
CONTENTS

第一章 概 述 ·· 1

第一节 水与水资源 ································· 1

第二节 实行最严格水资源管理制度背景 ············· 2

第三节 湖北省水资源及其开发利用 ················· 5

第二章 水资源开发利用控制红线管理 ············· 19

第一节 用水总量控制的必要性 ····················· 19

第二节 用水总量控制红线指标体系 ················· 28

第三节 用水总量控制红线考评办法 ················· 30

第四节 用水总量控制的主要管理制度 ··············· 32

第五节 湖北省用水总量控制管理实践 ··············· 34

第三章 用水效率控制红线管理 ··················· 55

第一节 用水效率控制的必要性 ····················· 55

第二节 用水效率控制指标体系 ····················· 57

第三节 用水效率控制红线考评办法 ················· 60

第四节 节水与用水效率控制措施 ··················· 62

第五节 湖北省用水效率控制管理实践 ··············· 64

第四章 水功能区限制纳污红线管理 ··············· 78

第一节 水功能区限制纳污的必要性 ················· 78

目 录
CONTENTS

第二节　水功能区限制纳污红线控制指标体系 ……………………………… 80

第三节　水功能区限制纳污红线控制指标计算方法 …………………………… 81

第四节　湖北省水功能区限制纳污红线控制管理实践 ………………………… 84

第五章　最严格水资源管理责任和考核 …………………………………………… 99

第一节　行政首长负责制 ………………………………………………………… 99

第二节　目标考核 ………………………………………………………………… 101

第三节　考核结果运用 …………………………………………………………… 102

第四节　湖北省最严格水资源管理考核实践 …………………………………… 103

第六章　最严格水资源管理展望 ………………………………………………… 124

第一节　认清形势,践行生态文明新要求 ……………………………………… 124

第二节　回顾总结,探索制度实践新经验 ……………………………………… 128

第三节　立足实际,创新湖北管理新举措 ……………………………………… 131

第一章　概　述

水是生命之源、生产之要、生态之基。新中国成立以来特别是改革开放以来,水资源开发利用、节约保护和管理工作取得显著成绩,为经济社会发展、人民安居乐业做出了突出贡献。但必须清醒地看到,人多水少、水资源时空分布不均是我国的基本国情和水情,水资源短缺、水污染严重、水生态恶化等问题十分突出,已成为制约经济社会可持续发展的主要瓶颈。2011 年 1 月,中共中央、国务院印发《关于加快水利改革发展的决定》(中发〔2011〕1号)。2012 年 1 月,国务院印发《关于实行最严格水资源管理制度的意见》(国发〔2012〕3号),对实行最严格的水资源管理制度做出全面部署和具体安排。这是指导当前和今后一个时期我国水资源工作的纲领性文件,对解决我国复杂的水资源水环境问题、实现经济社会的可持续发展具有深远意义和重要影响。

第一节　水与水资源

一、水

水是自然界最基本的物质,从纯自然科学概念来说,是由 2 个氢原子和 1 个氧原子结合而成的最简单的氢氧化合物,即 H_2O。

水在地球上分布十分广泛,几乎可以说是无处不在。从宇宙飞船上看地球,地球是个蓝色的球体。这是因为地球表面 70% 都被水覆盖,陆地、大气层、地表、地下,也到处都有水的踪迹。

用不同的标准、从不同角度,可以把"水"分为多种不同的类型。从形态上分,水有三态:液态、气态、固态。海水、河水、湖水等是液态水;水蒸气是气态水;冰、雪、霜等是固态水。三种形态的水可因温度的高低相互转化。

二、水资源

1977 年,联合国教科文组织和世界气象组织将"水资源"定义为:"水资源应指可以利用或有可能被利用的水源。这个水源,应具有足够的数量和可用的质量,并能在某一地点为满足某种用途而可被利用。"

三、水资源的功能

1. 水是地球生态环境构成的要素

地球表面有温暖湿润的气候,这是适宜动植物和人类生存延续的重要条件,但决定性因素是水。假设地球上没有水,或者即使有水但没有浩瀚的海洋,地球表面温度将高出很多很多,导致生物无法生存。

2. 水是人体和生物体的重要组成部分

成人体内水分占体重的 60% 左右。年龄愈小,身体中所含水分的百分比愈高。动植物体内,大部分也都是水分,干旱缺水会使植物失去水分而枯萎、变轻。

3. 水是生产的要素,是工农业生产的原材料或动力

很多社会财富的生产是以水作原材料或动力而实现的。水产养殖和水中、水面种植的水产品,无水则不能进行。工业生产也以通水为必备的基础性条件,甚至有不少产业直接以水为原材料,如很多食品、酒类、药水、针剂等的生产,其产品中水所占的比重就很大。

4. 水是人类社会生产与生活中不可缺少的介质或辅料

在许多工业生产中,其产品虽然不是以水为原料,但是生产过程也需要以水作溶剂、清洗剂、冷却剂,否则生产就不可能持续进行。

第二节　实行最严格水资源管理制度背景

一、严峻的水资源形势

1. 从可利用量看,水资源总量在逐步减少

水资源虽可循环再生,但当今淡水资源总量是有限的。多年观测结果表明,地球上的水虽循环不止、持续不断,但这些水量是大致不变、总量有限的。具体到我国,水资源总量虽居世界前列,但按 21 世纪初的资料,人均占有水资源量仅为 $2200m^3$,只为世界人均占有量的 30%,在全球名列第 120 位,是世界上人均水资源最贫乏的 13 个国家之一,有限水资源量呈逐渐减少趋势。受全球气候变化影响,我国水资源北少南多的分布格局正进一步加剧。

水污染严重,水生态环境恶化,可有效利用的水资源量在减少。随着人口的增长和近现代工业化、城市化程度的不断加大,加之管理上存在的疏漏与不力,环境污染已成为严重的社会问题,而水资源首当其冲。水资源利用方式粗放,用水效率低,使有限的水资源不能充分发挥作用。在我国,一方面水资源严重短缺,另一方面又存在惊人的浪费,水资源利用率很低。我国水资源消耗与发达国家相比存在相当大的差距。如单位 GDP 用水量,日本仅相当于我国的 1/30,美国相当于我国的 1/20,法国为我国的 1/17。此外,水资源的重复利用率,发达国家达 75%~80%,几乎高出我国一倍。

2. 从经济社会发展看,对水资源、水环境的要求越来越高

经济社会的发展,对水资源量的需求越来越大,对水质、水环境的要求越来越高。从人口增长看,新中国成立初全国人口是 4 亿~5 亿,当前是 13 亿,人均水资源量 2200m³。据预测,2030 年左右,我国人口将达到 16 亿,人均水资源量将减少 1/5,降至 1700m³ 左右,接近国际上缺水警戒线。从经济增长看,随着社会生产门类和产品产量的双增长,社会的需水量将迅速增加。随着精细化生产的发展和人民生活水平的不断提高,人们对水质、水环境的要求也越来越高,水资源管理与保护的任务也越来越重。

3. 从需水与供水的矛盾来看,水资源调配难度越来越大

水资源在时间上分布不均衡。在年际之间,有的年份降水特多,有的年份降水特少,有的甚至连年干旱。以河川径流量为例,我国河川径流量的年际变化大,尤其是在北方地区,其最大值与最小值之比相差 10 倍以上。再加上开发利用、调配管理上存在的问题,黄河、海河历史上曾多次发生断流现象。以黄河为例,1972—1997 年的 26 年中,黄河下游有 20 年发生断流,且断流时长、河长不断加大,1997 年断流长度竟达到 700 多 km,为历史上所仅见(此后由于加强了全流域的统一管理与调度,情况才有所改善)。在一年之内,降雨与径流在各月之间分布也十分不匀。我国降雨径流主要集中在汛期,其降雨径流量占全年降雨径流总量的比重较大。从长江以南地区来看,每年 4—7 月的汛期降雨径流量占全年降雨径流总量的 60% 以上;而华北地区的部分河流每年 6—9 月的降雨径流量可占到全年降雨径流总量的 80% 以上。全国大部分地区,最大 4 个月的降水量约占全年降水总量的 70%。而社会生产、生活用水量在各月则是比较均衡的,降水少的年份或月份,缺水状况就会加重。

当前,我国的水资源供需矛盾日益突出。以"千湖之省"湖北为例,该省江河纵横,洪水灾害频繁严重,理应不缺水。但是不计长江、汉水的过境客水,仅本省境内自产水,全省人均水资源量仅 1731m³,低于全国平均水平。遇上中等干旱年,全省即缺水 55.7 亿 m³,特大干旱年,全省缺水达 120.8 亿 m³。同时,用水效率不高,农业灌溉亩均用水量、万元 GDP 用水量都比全国平均水平高,水污染也较严重,沿江城市近岸存在长度不等的岸边污染带,汉江近年来多次发生"水华"事件。有的中小河流污染更为严重,湖泊萎缩退化,水土流失,水生态受到威胁。

二、实行最严格水资源管理制度的意义

1. 实施最严格的水资源管理制度,是应对我国水资源严峻情势,解决复杂的水资源问题的迫切需要与现实选择

从需求方面看,随着经济社会的发展,人口迅速增加,工业、农业等生产的门类与产品愈来愈多,人们生活水平的改善与提高,对水的数量与质量、对水生态与水环境的要求越来越高。而且随着城镇化、工业化的迅速发展,2030 年城镇化率将达到 70%,需水时间集中度愈

来愈高。

从供给能力看,本就有限的水资源正呈逐步减少的趋势:一是由于气候变化等多方面因素,已有部分地区出现天然降水日渐减少的趋势;二是随着污染的加剧,可有效供给的水资源量不断减少;三是普遍存在的、比较严重的水浪费行为和现象,加剧供水紧张;四是水资源时空上分布的不均衡,水资源与生产力布局不相匹配,大城市、特大城市高度集中的水需求,对水资源供给能力提出挑战。

2. 实行最严格的水资源管理制度,满足经济社会发展需求,促进经济发展方式转变,事关经济社会发展全局和国家安全

实施最严格的水资源管理制度就是要改变过去对水资源过度开发、粗放利用的方式,实施科学化、制度化、精细化管理,从根本上转变水资源利用方式,以水资源可持续利用,支撑经济社会的可持续发展,解决我国水资源紧缺、水环境恶化问题。因此,这是事关人民群众切身利益和中华民族生存发展,事关国民经济社会全局和生态文明建设,事关经济安全、生态安全、国家安全的大事。最严格的水资源管理制度的实施,不仅转变了水资源自身的利用方式,还可对经济社会发展方式转变,发挥约束与导向作用。通过严格的水资源管理,可有效淘汰高耗水、高污染产品和工艺;严格防止高成本、低效能项目的发展,促进经济发展方式的转变,实现科学发展。

3. 实施最严格的水资源管理制度,就是最严格贯彻实施《水法》,依法管水,是对建设社会主义法治国家的积极贡献

党的十五大提出的"依法治国,建设社会主义法治国家"的基本方略,后被列入国家的根本大法——《宪法》。目前,我国水行政主管部门负责实施的法律有四部——《水法》《防洪法》《水土保持法》《长江保护法》。《水法》涵盖防治水害、开发水利的方方面面,是水利部门、行业的基本法。但经过2002年审定修改后,将重点移到水资源的开发、利用、节约和保护,因此可以说《水法》是一部水资源法,最严格的水资源管理制度中的三条红线,条条都是源于《水法》。如水资源开发利用控制红线,严格实行用水总量控制,就是根据《水法》第四条、第四十五条、第四十七条的规定;用水效率控制红线,遏制用水浪费,源于《水法》第八条、第五十条至第五十三条规定;水功能区限制纳污红线,严格控制入河排污总量,来自《水法》第九条、第三十二条、第三十四条。因此,实行最严格水资源管理制度就是不折不扣地贯彻执行《水法》。

4. 实施最严格的水资源管理制度,是服务民生,推进社会进步,构建社会主义和谐社会的需要,也是对缓和国际部分地区水资源危机的贡献

当前,我国经济社会发展对水资源依赖程度越来越高,人民群众生活质量改善和幸福指数提高对水资源、水生态、水环境的依赖性、关联性越来越强,对水的期望值越来越大。在严重缺水地区,如不及时采取有效措施,保障水的供应或水环境的改善,就会发生水荒,加剧争水、抢水的纠纷。同时,保障城乡人民饮用水安全的任务十分艰巨。不仅水过少、过多会造

成破坏性影响,水污染也是灾害。因此,实行最严格的水资源管理制度,对于保障饮用水安全,维护人民健康,保障流域和区域供水安全、生态安全、环境安全,促进经济社会发展,建设资源节约型、环境友好型社会,构建良好的人居环境,实现人水和谐,建设社会主义和谐社会具有十分重要的意义。

5. 实行最严格的水资源管理制度,是我国水资源开发与管理方式、内涵与手段等的深刻的制度性变革

自 1988 年《水法》颁布实施,特别是修订以来,《取水许可和水资源费征收管理条例》《黄河水量调度条例》《水文条例》等国务院法规先后颁布或修订,水利部《水量分配暂行办法》《取水许可管理办法》《水资源费征收使用管理办法》《入河排污口监督管理办法》《建设项目水资源论证管理办法》等规章相继出台;各省、自治区、直辖市地方性水资源管理法规逐步配套,我国已基本形成水资源管理制度框架体系。各级水行政主管部门依法行政,水资源管理基础工作得到加强,水权制度建设及水资源配置、调控、节约与保护工作能力不断取得进展与提高;但由于原来的基础薄弱,配套的、操作性强的政策制度不够健全,投入、激励、参与机制不够完备,措施落实不够严格,水资源管理的各项具体工作仍远远不能适应形势发展的需要。实行最严格的水资源管理制度是一次深刻的制度变革,必将对推进我国水利事业改革与发展产生深远影响。

第三节　湖北省水资源及其开发利用

一、自然地理

(一)地理位置

湖北省位于我国的中部,简称鄂。地跨东经 108°21′42″~116°07′50″、北纬 29°01′53″~33°6′47″。东邻安徽,南接江西、湖南,西连重庆,西北与陕西接壤,北与河南毗邻。东西长约 740km,南北宽约 470km。全省国土总面积 18.59 万 km²,占全国国土总面积的 1.96%。

(二)地形地貌

湖北省处于中国地势第二级阶梯向第三级阶梯过渡地带,地势呈三面高起、中间低平、向南敞开的不完整盆地,高低相差悬殊,西部号称"华中屋脊"的神农架最高峰神农顶,海拔达 3106.2m;东部平原的监利县谭家渊附近,地面高程为零。地貌类型多样,山地、丘陵、岗地和平原兼备。西、北、东三面被武陵山、巫山、大巴山、武当山、桐柏山、大别山、幕阜山等山地环绕,山前丘陵岗地广布,中南部为江汉平原,与湖南省洞庭湖平原连成一片,地势平坦,土壤肥沃,除平原边缘岗地外,海拔多在 35m 以下,略呈由西北向东南倾斜的趋势。山地、丘陵和岗地、平原湖区各占湖北省总面积的 56%、24%和 20%。

（三）土壤植被

1. 土壤概况

湖北省由生物气候所形成的土壤带自南向北分为 3 个地带，即红壤地带、黄棕壤地带和黄褐土地带。红壤地带分布在鄂东南、北纬 30°40′ 以南、海拔 700m 以下低山丘陵地区，鄂中南的松滋、石首、宜都、枝江海拔 80m 以上台地也有零星分布，属于中亚热带边缘地带性土壤。黄棕壤地带分布在红壤地带与黄褐土地带之间，广泛分布在鄂东北、鄂中丘陵和鄂西北地区，属北亚热带湿润地区地带性土壤。黄褐土地带分布在鄂西北漫岗平原和平缓丘陵上，是北亚热带湿润地区的黄棕壤向暖温带半湿润半干旱区的褐土过渡的土壤类型。

湖北土壤种类较为丰富，主要有水稻土、潮土、黄棕壤、黄褐土、石灰土、黄壤、红壤及紫色土等，这 8 个土类占全省总耕地面积的 98.65%。其中，水稻土占总耕地面积的 50.35%，潮土占 19.03%，黄棕壤占 14.54%，其他 5 个土壤类别的面积占总耕地面积比均小于 5%。特定区域或流域不同土壤类型分布区，土地开发利用类型、植被条件等存在差异，其流域入渗、蒸散发等水文要素变化过程也不同，从而引起流域产汇流差异显著。在流域产汇流中，包气带特性对其有着深刻的影响。包气带是由不同土壤构成的有孔介质，具有吸收、储存和输送水分的功能，从而使包气带对降雨起着调节和再分配的作用。不同的下垫面条件具有不同的产汇流机制，不同的产汇流机制又影响着整个产汇流过程的发展，呈现不同的径流特征。

2. 植被情况

湖北地处亚热带，适宜林木生产。全省有乔木树种 1300 多种，其中用材林约占一半，主要品种有马尾松、油松、杉树、栎树、华山松、柏树、冷杉、川杨等；经济林以油桐、乌桕、生漆、油茶、核桃、板栗为主，还有可资利用的 1000 多种野生植物。1 亿多年前遗留下来的水杉、银杏、珙桐等"活化石"林，残存于鄂西山区。有"绿色宝库"之称的神农架林区，是我国中部地区唯一的原始森林。

全省林草覆盖和种植土地等植被覆盖面积为 16.24 万 km²。林草覆盖包括乔木林、灌木林、乔灌混合林、天然草地、人工草地等。全省林草覆盖面积为 103288.30km²。其中，乔木林 66518.75km²，灌木林 19912.11km²，乔灌混合林 1944.74km²，竹林 1879.60km²，疏林 20.98km²，绿化林地 265.13km²，人工幼林 756.57km²，灌草丛 0.25km²，天然草地 11512.38km²，人工草地 477.79km²。林草覆盖面积较大的十堰、恩施、宜昌等 3 市占全省的 50.70%，林草覆盖面积较小的武汉、黄石、鄂州等 3 市占全省的 4.95%。林地主要集中在鄂西山区神农架大巴山北坡，以及清江流域南侧，而汉江两岸林地就很稀疏，广大鄂北岗地森林覆盖较少。

种植土地包括水田、旱地、果园、茶园等。全省种植土地面积为 59139.42km²。其中，水田 23593.01km²，旱地 29816.01km²，果园 3323.76km²，茶园 987.73km²，桑园 5.81km²，苗圃 1144.05km²，花圃 24.19km²，其他经济苗木 244.86km²。种植土地面积较大的荆州、襄阳、黄冈等 3 市占全省的 37.03%,种植土地面积较小的鄂州、黄石、咸宁等 3 市占全省的 6.3%。

森林植被对产汇流机制影响效应显著,植被改善土壤结构性,增大孔隙度,增加水分入渗,减少地表径流流量。植被率大,蒸散发加大,使得径流减少,洪峰减小,历时增长,峰现历时也增长,即植被率增大,削减洪峰,峰现时间滞后。通过林冠拦截,蒸散发加大,使径流量减少,林冠及下部枯落层削减雨滴动能,树干及下部枯落层削减地表径流流速,减少径流能量,减小侵蚀。林地改变土壤的渗透性,减少地表径流流量,植物根系固持土壤颗粒,增加抗蚀性,克服地表径流侵蚀力。

(四)气候

湖北省地处北亚热带季风气候区,具有四季分明、降水充沛、冬冷夏热、雨热同季和光、热、水资源较丰富等特点,气象灾害种类多、发生频繁。受东亚季风和地形的影响,湖北省年平均气温呈现北低南高、西低东高的空间分布特征。除鄂西中高山地区外,年平均气温一般为 15～17.5℃,鄂东南和三峡河谷 16.5～17.5℃,江汉平原和鄂东北 16～17℃,其他地区 15～16℃,高山地区则低于 15℃。三峡河谷区由于北部高山的屏障作用,冷空气不易侵入,年平均气温在 17℃以上。1 月是最冷月,平均气温大部分地区为 3～6℃,三峡和清江河谷为 5～6℃。极端最低气温一般也出现在 1 月,近 60 年来湖北省极端最低气温在 -19.7～ -8.3℃。7 月是最热月,平均气温除中高山地区外,一般为 27～29.5℃。近 60 年来湖北省极端最高气温为 35.6～43.4℃。四季分明,夏季最长,平均为 121 天;冬季次之,为 116 天;春秋季短,有 64 天左右。

湖北省年均降水量 1201mm,远高于全国平均降水量(632mm),由西北向东南递增,其中鄂西北 860mm,鄂东南 1491mm。受季风气候影响,降水年际和年内变化大。1983 年降水最多(1678mm),约为最少年(1966 年,862mm)的 2 倍。年内分布 7 月最多(204mm),12 月最少(26mm)。降水量主要集中在 5—9 月,平均降水量 760mm,占全年降水量的 63%,其中梅雨期(6 月中旬至 7 月中旬)雨量最多,强度最大。湖北省年均暴雨日数为 5 天左右,但分布不均,表现为南部多于北部,东部多于西部,高山多于平原,迎风坡多于背风坡。由于山区迎风坡对东移的暴雨天气系统有阻滞和强迫上升的作用,武陵山地的东南侧、幕阜山地的西北侧及大别山的西南侧是湖北省 3 个暴雨多发区。

全省年平均日照时数为 1056(咸丰)～2030(麻城)小时,鄂西南最少,仅 1056～1440 小时,鄂西北北部、鄂北岗地、鄂东北最多达 1850～2200 小时,其余为 1500～1850 小时。高温期与多雨期一致,雨热同季,气候资源丰富多样。大部分地区不小于 10℃积温和日数分别在 4500～5400℃和 200～250 天,西部山区立体气候资源丰富,为农林业生产提供了得天独厚的气候条件。

季风环流是影响湖北气候的主要原因。冬季(1 月)偏北风占了统治地位,夏季(7 月)盛行偏南风。冬夏盛行方向相反的风向,反映了季风的季节转变。冬季,由于大陆冷源作用和海洋热源作用最强,大陆上的蒙古高压和海洋上的阿留申低压都发展到鼎盛时期,盛行强劲的偏北风。湖北省正处于冷高压中心的东南方,受南伸的高压脊控制,吹东北风。冬季风来自高纬大陆内部的蒙古人民共和国和俄罗斯的西伯利亚,寒冷、干燥。这是造成湖北省冬季气温低、降水少的主要原因。春季蒙古高压不断衰退,暖空气势力不断增强,冷暖空气活动频繁,气温冷暖多变,降水渐增。夏季,大陆热源作用和海洋冷源作用达到最强,盛行从海洋吹向大陆的偏南风。湖北省处于印度低压的东北部,吹西南风。由于夏季风来自南方的海洋,因此温暖、湿润。这是造成湖北省夏季高温、多雨的主要原因。6月中下旬至7月上中旬,夏季风活跃于长江中下游的沿江两岸,此时中纬度西风带的环流形势,有利于引导地面冷空气不断南下,到长江中下游与暖湿的西南气流相遇,形成包括全省在内的江淮梅雨期,使湖北大部分地区出现较强的持续降水的"梅雨"天气。副热带高压在湖北的进退与滞留,常与梅雨发生的早晚、梅雨的长短和发生"空梅"年有关。在梅雨期中,梅雨锋上常有自西向东移动的小低气压活动,即源自川西高原的低涡进入湖北,沿梅雨锋移动或停滞,使降雨强度增大,出现暴雨区。盛夏副热带高压北跳,稳定控制湖北大部分地区,下沉气流强盛,烈日炎炎,降水减少,易发生伏旱。7—9月在闽、浙登陆的台风有时可深入内地,影响湖北,在局部地区产生强度极大的暴雨而造成洪涝。秋季湖北大气低层受北方冷高压控制,大气高层仍受副热带高压控制,大气层结构稳定,江汉平原及其以东地区秋高气爽、晴朗少雨。此时,来自孟加拉湾的水汽向我国西南地区输送并与频繁南下的冷空气相遇,而产生华西秋雨。鄂西地区处于华西秋雨边缘,秋季易出现绵绵阴雨,鄂西秋雨的降水量虽然少于夏季,但异常年份的持续降水还会在鄂西和汉江上游引发秋汛。受季风进退以及季风气候变异的影响,湖北省气象灾害种类多、发生频繁。我国大陆常见的18种气象灾害除沙尘暴外,湖北省均有发生。从时间范围看,气象灾害四季均有发生,春季有低温阴雨、大风强对流,初夏有暴雨洪涝、雷电,盛夏有高温、干旱,秋季有寒露风以及连阴雨,冬季有低温冻害、大雾和霾等。全球气候变暖,大气环流异常,厄尔尼诺、拉尼娜事件周期缩短,极端灾害性天气频发多发已演变成常态,对全球经济社会可持续发展造成严重威胁,也给湖北经济社会发展带来严峻挑战。

二、河流、湖泊

(一)河流

湖北省河流众多,长江自西向东横贯全省,汉江穿过秦岭和武当山谷,经平原洼地,于武汉汇入长江。其他中小河流自山区丘陵顺地势汇入长江、汉江,形成以长江、汉江为轴线的向心水系。全省河长5km以上河流共4228条(不包括长江、汉江干流),总河长5.9万km,河长10km以上河流1707条,总河长4.2万km。全省河流数量长江左岸多于右岸,左岸河流3159条,右岸河流1069条,左岸河流数量约为右岸的3倍。下面简介湖北省主要干支流。

1. 长江干流

长江发源于青藏高原,干流经青、川、藏、滇、渝、鄂、湘、赣、皖、苏、沪等11省(自治区、直辖市)于崇明岛以东注入东海,全长6397km,流域面积180多万km²。长江分上、中、下游三段,江源至湖北省宜昌南津关为上游,南津关至江西省鄱阳湖湖口为中游,鄱阳湖湖口至上海长江口为下游。长江经重庆市巫山县于湖北省巴东县官渡口乡进入湖北,左岸支流鳊鱼溪是鄂渝界河。东行144km,过西陵峡,在宜昌市南津关结束上游流程,进入开阔的长江中游平原。继续东行902km,在黄梅县刘佐乡出境进入安徽省宿松县,结束湖北省内的流程。省内长江流程1046km,为长江全长的16.4%;省内长江流域面积184519km²,为全流域面积的10.2%。

2. 汉江干流

汉江又名汉水,古称沔水,下游又称襄河,发源于秦岭南麓陕西省留坝县。流经陕西、湖北两省,于武汉市龙王庙入长江,全长1577km,是长江最长的支流。汉江流域集水面积广及甘肃、陕西、四川、重庆、河南、湖北等6省(直辖市),流域面积15.9万km²。陕西省白河县白河水文站为上游与中游分界点,湖北省钟祥市皇庄水文站为中游与下游分界点。汉江左岸先于右岸入鄂,左岸郧西县景阳乡耿家沟至右岸郧阳区胡家营镇焦家台子,其间31km为鄂陕界河。汉江入境后经郧西、郧阳区、丹江口、谷城、老河口、襄阳、宜城、钟祥、沙洋、天门、潜江、仙桃、汉川、武汉等14县(市)入长江。汉江在湖北境内河长864km,为汉江全长的54.8%;湖北境内的集水面积为52694km²,为汉江流域面积的33.1%。汉江水系呈羽状排列,其中湖北境内的主要支流有仙河、金钱河、天河、堵河、丹江、北河、南河、唐白河、蛮河、汉北河等。

3. 主要支流

(1)山区河流

1)清江

清江为长江一级支流,古名夷水,亦名盐水,是长江中游在湖北省境内仅次于汉水的第二大支流,发源于利川齐岳山龙洞沟,流经利川、恩施、宣恩、建始、巴东、长阳,在宜都市陆城注入长江。河长428km,流域面积16714km²。清江从河源至恩施城区为上游,长153km,两岸山峦叠嶂,峭壁相峙,河谷深切,流域内岩溶地貌发育,溶洞伏流比比皆是,其中干流在利川城东进入落水洞,伏流26km后复出。恩施城区至长阳县资丘镇为中游,长160km,河道绝大部分流经深山峡谷,资丘至宜都市陆城为下游,长110km。清江支流众多,干支流呈对称性羽状分布,有支流252条,较大的支流有刷把溪、忠建河、马水河、野三河、龙王河、泗渡河、丹水、渔洋河等。

2)堵河

堵河是湖北省境内汉江水系的第一大支流。堵河流域位于鄂西北汉江右岸,地跨陕西、湖北两省。干流全长约330km,流域面积约12430km²。堵河有西、南两源。西源为正源,发源于渝陕交界的大巴山三个包,源头名大暑河,西源河长 230 余 km,流域面积 4860 余 km²。南源官渡河发源于大神农架北麓,全长 127km,流域面积 2885km²。堵河自两河口向北流经竹山县城,从黄龙出口汇入汉江。堵河水系发育,呈树状,左岸主要支流有县河、苦桃河、北星河,右岸有深河、秦口河、霍河等。堵河流域全境皆山,上游均为高山,海拔 1200～2500m,下游属中、低山地,海拔 500～1200m。干流弯曲系数 1.87,属山地弯曲河型。

3)南河

南河为汉江中游右岸支流,由西南向东北流经神农架林区、房县、保康、谷城等 4 县(区),干流全长 253km,流域面积 6481km²。上游分两支,南支粉青河为干流,源出神农架林区田家山乡大神农架,东流至谷城县城关镇王家咀入汉江。南河支流计 175 条,其中粉青河长 151km,集水面积 2146km²。北支马栏河源出房县土城镇羊圈梁子,于保康县寺坪镇彭家湾与南支粉青河汇合。马栏河长 108km,集水面积 2299km²,支流 67 条。

(2)半山区河流

1)沮漳河

沮漳河为长江左岸一级支流,上游分东、西两支。西支沮河为干流,源出湖北省保康县欧家店乡大湾,于荆州市李埠镇临江寺入长江。沮漳河集水面积 7305km²,支流 164 条。其中,沮河河段长 230km,集水面积 3353km²,支流 67 条。东支漳河源出保康县龙坪乡黄龙洞沟,于当阳市河溶镇两河口与沮河汇合,长 190km,集水面积 2968km²,支流 84 条。

沮漳河流域地势西北高,东南低。上游为荆山山脉,地势高峻,河流穿行于丛山之间。中游为低山丘陵,下游进入江汉平原边缘,地势开阔坦荡。全流域山区约 4400km²,丘陵约 2200km²,平原近 700km²,分别占全流域面积的 60.3%、30.2% 和 9.5%。

2)府澴河

府澴河系府河及澴水合流后的统称。府澴河源出大洪山北麓,于武汉市谌家矶入长江,长 348km,集水面积 14455km²,省内集水面积 14287km²,支流 348 条。流域西北高、东南低,上游为中低山地,中游为波状岗丘,下游为平原湖区。府河在澴水汇入前河长 281km,集水面积 9039km²,支流 226 条,较大支流有溾水、灄水、漂水、徐家河、漳水等。澴水是府澴河的最大支流,源出河南省信阳市里沟,于大悟县三里城镇界牌入境,南流至孝感市卧龙镇饶家老湾与府河汇合。澴水全长 153km,集水面积 3618km²,省内长 135km,集水面积 3450km²,支流 88 条,较大的有应山河,在孝感市朱湖农场东山头闸,由沧河与汉北河相通。

3)陆水

陆水原名隽水,源出鄂、湘、赣三省交界的幕阜山西端东北麓,通城县潭下乡界头方义冲,北流经崇阳县、赤壁市,于嘉鱼县陆溪镇洪庙入长江,长 187km,集水面积 3847km²。流域内河长 5km 以上的支流共 102 条,总长 1429.3km。较大支流有青山河、高堤河等。陆水流域地势南高北低,上游通城、崇阳县多为山丘地带,东西缘高程在 500～800m,河床较为狭窄;陆水水库以下为平原湖区,地势低洼,河道弯曲迂回。流域内植被良好。

4)富水

富水为长江中游右岸支流,发源于幕阜山北麓,通山县三界乡三界尖,经阳新县富池口入长江,河长194km,流域面积5310km²,省内集水面积4775km²。富水流域通山县城以上为上游,地形为山地,群山连绵,溪沟密布,河道陡峻,起伏高程一般在150～750m;通山县城至富水镇为中游,地形为丘陵,河床底坡较缓,两岸夹有低山丘陵,高程在100～150m;富水镇至富池口为下游,地形为平原湖区,地势平坦,高程在12～15m,流域内湖泊众多,河港纵横。富水流域水系发育,河长在5km以上的支流有110条。

5)鄂东北诸河

鄂东北在桐柏山、大别山南麓,为向南倾斜的低山丘陵地带。桐柏山和大别山是一系列北西—南东走向的山脉,为长江与淮河的分水岭。该地地层古老,广泛分布着极易风化的花岗片麻岩,经长期的风化、剥蚀作用,形成发源于桐柏山和大别山,一系列南流的平行水系。河水顺着地势,直泄长江,流域上游峰峦起伏,地势高峻,中游丘陵广布,下游进入鄂东沿江平原。该区域水系发育,分布有倒水、举水、巴水、浠水、蕲水等长江一级支流,河长在5km以上的支流计438条。

(3)平原河流

1)内荆河

内荆河古名夏水,位于湖北江汉平原。上段拾桥河发源于荆门市西北部的碑凹山,于荆州市观音垱习家口闸出长湖,流域面积1081km²,河长115km。下段于洪湖市新滩口入长江。内荆河流域南以荆江大堤为界,北以东荆河堤为界,集水面积8819km²。流域内建有堤防、排灌渠、排灌涵闸、排灌泵站等水利设施。排灌渠237条,总长2209km,有总干渠、东干渠、田关河、洪排河、螺山渠等主干渠,共长370km。

2)汉北河

汉北河发源于京山县官桥铺盘山观,南流经天门市拖市镇后折向东流,经应城市在武汉辛安渡分两支:一支从汉川县新河镇新沟闸入汉江,另一支从东山头闸入府河,后注入长江。长242km,流域面积6417km²,支流156条,较大的有滶水、大富水。汉北河地处江汉平原北缘,地势由西北向东南倾斜。流域内,低山、丘陵面积640km²,占流域面积的10%;岗地面积2389km²,占流域面积的37.2%;平原面积3388km²,占流域面积的52.8%。流域水系较发育,上段有大小支流20余条,大多分布在左岸,较大的有季河、司马河、上罗汉寺河、永隆河、西河、东河等6条。下段主要支流为大富水和滶水。

(二)湖泊

湖泊是湖北省得天独厚的自然资源、经济资源和优势资源。湖泊是水资源的重要载体,是自然生态系统的重要组成部分,在调蓄洪水、提供水源、交通航运、美化景观、休闲娱乐、水产养殖、维护生态多样性、净化水质、调节气候等方面发挥着不可替代的作用。湖北素称"千湖之省",其湖泊主要集中在江汉平原,仅大九湖位于神农架,是整个长江中下游湖泊群的重要组成部分,具有带状、密集成片分布的特点,基本上分布在长江和汉江沿岸、江河相间的平原洼地及平原周缘 50m 等高线附近。湖北省湖泊多系浅水湖泊,以碟形湖盆为主,湖水不深,湖底平坦,湖底淤泥深厚,湖岸界线易变,湖滩地多呈环带状或斑块状分布于环湖周围。多数城中湖岸线已固化稳定。

湖北省现有湖泊 755 个,水面总面积 2707km²。其中,跨省湖泊 3 个(龙感湖跨安徽省,黄盖湖、牛浪湖跨湖南省),省内跨市湖泊 12 个,城中湖 103 个。湖泊数量按重复统计超过 100 个的有荆州、武汉、黄冈 3 市,荆州以 184 个位居榜首,武汉、黄冈分别有 148 个、114 个。湖北省境内湖泊水面面积在 100km² 以上的湖泊 4 个,水面面积 10～100km² 的湖泊 45 个,水面面积 1.0～10km² 的湖泊 182 个,水面面积 0.067～1.0km² 的湖泊 497 个,水面面积 0.067km² 以下的城中湖 27 个。以面积为 0.067～1km² 的湖泊数量最多,占总数的 65.83%。小型湖泊众多。

三、水利工程

新中国成立以来,特别是改革开放以来,湖北水利发展取得了举世瞩目的成就,全省初步建成了防洪、排涝、灌溉、供水、发电等多种功能的水利工程体系。根据 2016 年统计资料,湖北水利工程基本情况如下:

(1)水库

全省现有已建成水库 6921 座(含电站水库,不含三峡、丹江口、葛洲坝、陆水和清江隔河岩、高坝洲、水布垭),总库容 353 亿 m³。其中,大(1)型 4 座,大(2)型 62 座,中型 285 座,小(1)型 1217 座,小(2)型 5353 座。大型水库座数居全国第一。

(2)水电站

共有水电站 1774 座,装机容量 3665.5 万 kW。其中,装机容量 25 万 kW 以下的中小型及规模以下水电站 1765 处,总装机容量 498 万 kW。

(3)水闸

过闸流量 1m³/s 及以上水闸计 21718 座。其中,过闸流量 5m³/s 以上的分(泄)洪闸 656 座,引(进)水闸 1325 座,节制闸 2921 座,排(退)水闸 1906 座。

(4)堤防

堤防总长度为 26284.66km。5 级及以上堤防长度为 17465.42km。

(5)泵站

共有泵站 48176 座。其中,河湖取水泵站 24017 座,水库取水泵站 3903 座。

(6)塘坝窖池

共有塘坝 83.81 万处,总容积 41.57 亿 m³;窖池 20.28 万处,总容积 841.24 万 m³。

（7）灌区

共有设计灌溉面积 30 万亩以上的灌区 43 处,灌溉总面积 2593.1 万亩;设计灌溉面积 1 万～30 万亩的灌区 542 处,灌溉面积 2409 万亩;设计灌溉面积 50～1 万亩的灌区 13285 处,灌溉面积 560 万亩。

四、社会经济

湖北省现有 12 个省辖市(武汉市、黄石市、襄阳市、荆州市、宜昌市、黄冈市、十堰市、孝感市、荆门市、咸宁市、随州市、鄂州市)、1 个自治州(恩施土家族苗族自治州)、3 个直管市(仙桃市、天门市、潜江市)、1 个林区(神农架林区),共 17 个省辖市(州、直管市、林区)。2019 年末,湖北省有常住人口 5927 万。

新冠疫情爆发前的 2019 年,全省完成生产总值 45828.31 亿元,增长 7.5%。其中,第一产业完成增加值 3809.09 亿元,增长 3.2%;第二产业完成增加值 19098.62 亿元,增长 8.0%;第三产业完成增加值 22920.60 亿元,增长 7.8%。三次产业结构由 2018 年的 8.5:41.8:49.7 调整为 8.3:41.7:50.0。在第三产业中,交通运输仓储和邮政业、批发和零售业、住宿和餐饮业、金融业、房地产业、其他服务业增加值分别增长 9.4%、5.3%、8.5%、7.1%、5.6%、9.2%。全年全省完成财政总收入 5786.86 亿元,增长 1.8%。其中,地方一般公共预算收入 3388.39 亿元,增长 2.5%。在地方一般公共预算收入中,税收收入 2530.64 亿元,增长 2.7%。地方一般公共预算支出 7967.73 亿元,增长 9.8%。

五、水资源及其开发利用

1. 水资源数量

全省多年平均(以 1956—2016 年为统计系列,下同)降水深为 1164.0mm。降雨量总趋势是自东南、西南向腹地及西北递减,降雨量地区变化在 750～2050mm,全省降雨量大于 1400mm 的多雨区一般分布在大山区,多为水汽来源的迎风面,主要分布于鄂西恩施和宜昌的大巴山、巫山、武陵山,咸宁南部幕阜山,黄冈东北部大别山等 3 个山区地带;年降水量在 1000～1400mm 的正常雨区,绝大部分为全省的丘陵平原区;年降水量小于 1000mm 的少雨区处于全省北部。黄石市、恩施州、咸宁市等地区多年平均降水量高于 1400mm,而十堰市、襄阳市、随州市、荆门市等地区多年平均降水量低于 1000mm。

全省多年平均地表水资源量 989.32 亿 m^3,径流深 532.2mm。年径流地区分布总趋势与年降水量基本一致,在地域上的差异比降水量大得多,多年平均径流深变化在 150～1300mm。鄂西南山区年径流深变化在 800～1300mm,为全省径流高值区,鄂北、鄂西北年径流深变化在 150～300mm,为全省径流低值区,鄂东南年径流深 600～1200mm,鄂西年径流深 500～1000mm,鄂东北年径流深 400～800mm,中部江汉平原年径流深 300～600mm。恩施州、咸宁市多年平均年径流深大于 800mm;襄阳市、随州市、荆门市多年平均年径流深小于 400mm。

全省地下水资源量为 290.25 亿 m³。山丘区地下水资源量为 218.63 亿 m³，其中，岩溶山区地下水资源量为 167.85 亿 m³，其岩溶发育强烈、形态发育齐全，地下水资源丰富，占山丘区地下水资源量的 76.8%，而鄂西南大巴山巫山武陵山岩溶山区处于全省降水高值区，地下水资源更为丰沛，占山丘区地下水资源量的 60.8%；一般山丘区和南襄盆地下水资源量为 50.79 亿 m³。由于构造裂隙和风化裂隙发育性较差，地下水资源相对来说较为贫乏，占山丘区地下水资源量的 23.2%。平原区地下水资源量为 75.83 亿 m³，可开采量为 43.31 亿 m³，主要集中于江汉平原和鄂东沿江平原。

全省多年平均水资源总量为 1010.99 亿 m³，多年平均产水模数 54.4 万 m³/km²。其中，山丘区水资源总量为 715.67 亿 m³，占全省总量的 70.8%；平原区水资源总量为 295.32 亿 m³，占全省总量的 29.2%。各市（州）中，以恩施州多年平均水资源总量 217.09 亿 m³ 为最大，占全省的 21.47%，产水模数 90.7 万 m³/km²；以潜江市 9.92 亿 m³ 为最小，占全省的 0.98%，产水模数 49.7 万 m³/km²。

全省入境水量为 6290.14 亿 m³。其中，长江干流入境水量为 4093.24 亿 m³；洞庭湖水系入境水量为 1867.46 亿 m³；汉水入境水量为 312.13 亿 m³。多年平均出境水量为 7195.45 亿 m³。其中长江干流出境水量为 7175.13 亿 m³。

降水和水资源量年内分配集中，降水、河川径流主要集中在汛期。各雨量站汛期降水量占年降水量的 66.1%～86.6%，其中连续 4 个月最大降水量占全年的 51.9%～64.4%；月雨量更为集中，多年平均最大一个月降水量占全年的 13.8%～21.7%，主要出现在 6、7 月。各径流典型代表站其汛期径流量占年径流量的 70.7%～84.6%，一年中连续 4 个月最大径流量占年径流量的比值，变化在 54.3%～73.2%。

2. 水资源质量

2016 年湖北长江、汉江水质总体较好，全年评价中，长江 99% 的河段水质优于Ⅲ类，汉江水质一般优于Ⅲ类，中小河流只有 84% 的河段水质优于Ⅲ类，水质劣于Ⅲ类的水域集中在城市的局部河段，主要是总磷、氨氮、高锰酸盐指数、五日生化需氧量超标。

湖泊水质总体较差，水体富营养化严重。在 755 个湖泊中，84% 的湖泊劣于Ⅲ类水质，293 个湖泊的营养状况均在中营养以上，88% 的湖泊呈富营养状态，55% 的湖泊达中度富营养以上，特别是城中湖的富营养化程度较高。大型水库水质状况优于中型水库，水库水体富营养化较为突出。73 座大型水库中，11% 的水库劣于Ⅲ类水质；283 座中型水库中，37% 的水库劣于Ⅲ类水质，主要是总磷、高锰酸盐指数、生化需氧量超标。大中型水库有 74% 的水库呈中营养状况，26% 的已达富营养状态。

平原区地下水水质恶化问题严重，全省平原区 164 个地下水监测井水质监测结果表明：13.41% 为Ⅳ类，86.59% 为Ⅴ类，地下水水质除了受天然因素的影响，铁、锰、氟化物等超标外，还受人类活动因素的影响，氨氮和耗氧量等超标。

根据《2021 年湖北省生态环境状况公报》,2021 年,全省 326 个省控监测断面(水域)总体水质为良好。其中,水质为Ⅰ~Ⅲ类的断面占 88.7%(Ⅰ类占 3.7%、Ⅱ类占 58.3%、Ⅲ类占 26.7%),Ⅳ类断面占 9.2%,Ⅴ类断面占 1.8%,劣Ⅴ类断面占 0.3%(荆州市西干渠潘市断面,劣Ⅴ类指标为氨氮)。190 个国控考核断面中,水质Ⅰ~Ⅲ类断面占 93.7%,Ⅳ类断面占 5.2%,Ⅴ类断面占 1.1%,无劣Ⅴ类断面。

长江、汉江支流总体水质为优。长江 171 个监测断面中,水质为Ⅰ~Ⅲ类的断面占 93.6%(Ⅰ类占 3.5%、Ⅱ类占 61.4%、Ⅲ类占 28.7%),Ⅳ类断面占 5.8%,劣Ⅴ类断面占 0.6%(荆州市西干渠潘市断面,劣Ⅴ类指标为氨氮)。汉江 66 个监测断面中,水质为Ⅰ~Ⅲ类的断面占 92.4%(Ⅰ类占 3.0%、Ⅱ类占 50.0%、Ⅲ类占 39.4%),Ⅳ类断面占 7.6%,无Ⅴ类和劣Ⅴ类断面。

全省主要湖泊总体水质为轻度污染,主要污染指标为总磷和化学需氧量。24 个省控湖泊的 29 个水域中,水质为Ⅱ~Ⅲ类的水域占 31.0%(Ⅱ类占 3.4%、Ⅲ类占 27.6%),水质为Ⅳ类、Ⅴ类的水域分别占 48.3%、20.7%,无劣Ⅴ类水域。29 个湖泊水域中,梁子湖武汉水域和神农架大九湖 2 个水域营养状态级别为中营养,其余 27 个水域为轻度富营养。

3. 开发利用情势

本地水资源地区分布不均,客水资源丰富。湖北省水资源总量在全国处于中等水平,人均水资源总量为 1718m³,低于全国平均水平 2200m³;单位国土面积水资源量为 54.4 万 m³/km²,约为全国平均水平的 2 倍;耕地亩均占水资源总量 1957m³/亩,略高于全国平均水平 1440m³/亩,但略低于长江流域 2000m³/亩。从人均、亩均水资源量来看,全省水资源并不丰富,同时水资源地区分布与人口和耕地状况很不相应,武汉、孝感、天门、襄阳等地人均水资源量不足 1000m³,而神农架、恩施、咸宁、宜昌人均水资源量高于 3000m³;天门、襄阳、潜江、孝感等地亩均水资源量不足 3000m³,而神农架、恩施、咸宁、宜昌、十堰等地亩均水资源量高于 3000m³。

受降雨和下垫面条件的影响,湖北水资源时空分布不均,年内年际变化较大,且出现连续丰水年和连续枯水年的情况,给水资源开发利用造成一定的困难。相较于自产水资源量,全省客水丰沛,入境水量达 6290.14 亿 m³,为本省水资源的 6.2 倍,为沿江平原农业灌溉、城市生活和工业用水提供了充足的水源。

开发利用程度总体较高,地区间差别较大。2010—2016 年,湖北省淮河、长江(不含客水)开发利用程度分别达到了 27.8%、30.1%,开发利用程度较高,高于全国平均水平 21.5%,反映了湖北省水资源开发利用的平均水平。全省不同区域水资源开发利用程度差别较大,其中汉江、府澴河、汉北河等河道开发利用程度较高,超过了 35%,这些流域涉及湖北省中部、北部地区。这些地区人口密集、耕地连片、工业发达,而水资源量与之并不匹配,武汉、孝感、天门、襄阳等地人均水资源量不足 1000m³,为全省低值区。这就导致了该区域水资源开发利用的矛盾突出,河流水质相对较差的问题。汉江劣于Ⅲ类水质的河段主要分布在天门、孝感、潜江、仙桃段,而孝感、襄阳、武汉等地的污染河长的百分比均高于全省平均水平。位于湖北省西南部的清江、堵河等河流,当地水资源十分丰富,而人口、耕地分散,水利工程又较少,人均水资源量高于 3000m³。这使得该地区的河流开发利用程度较低,不足10%,较低的开发率带来了地区河流总体水质较好。神农架、恩施、宜昌等地河流水质总体优于全省平均水平,这为今后合理的开发利用创造了良好的条件。

水资源开发方式总体稳定,其他水源有待提升。目前,全省水资源开发利用的主要对象是河川径流,以代表年 2015 年说明,全省供用水总量 301 亿 m³,地表水开发利用占到了97%,地下水开发利用仅为 3%。在地表水开发方式上,则运用蓄、引、提等供水工程,其中蓄水工程供水量 112.99 亿 m³(包括跨流域调水),引水工程供水量 65.77 亿 m³,提水工程供水量 113.41 亿 m³。

各类工程供水量分别占工程总供水量的 37.5%、21.8%、37.6%。供水工程的分布受水资源地区分布、人口耕地分布和地形地貌条件等因素的影响,山区以小型水利工程如小型水库、塘堰及引水堰渠等为主进行供水;山丘区过渡地带以大、中型水库为主,拦截山丘区径流供水;平原湖区则以引提水工程为主,利用长江、汉江过境水量进行供水。在地下水开发方式上,主要以浅层地下水为主,全省各水资源三级区都有利用,主要集中在丹江口以下干流区和武汉至湖口左岸区,行政区分布以黄冈市、襄阳市为主。

与 2000 年相比,2010—2016 年全省供用水总量处于 280 亿~300 亿 m³,多年平均值为294.5 亿 m³,较 2000 年的 276.7 亿 m³ 提高了 6.4%。其中,地表水源供水量占总供水量的比例变化不大,地下水源比例则基本逐年减少。从地表水供水组成变化趋势来看,蓄、引水工程供水量变化不大,略有降低,提水工程占比略有上升。从总体上来看,全省以河川径流为主要开发利用对象的格局基本维持稳定,开发总量略有提高,随着地下水保护工作的不断推进,地下水开采逐渐压减,且全部维持在浅层开发为主。但在其他水源开发利用方面,如污水处理回用、雨水利用等,全省份额甚微。这些新的开发方式,对于推进节水工作、减少新鲜水资源的供给量有着重要的作用,是今后水资源开发方式上需要大力推进的方向。

用水总量稳中有升,用水结构不断优化。全省用水对象按用户特性主要分为生活用水、工业用水、农业用水和人工生态环境补水 4 大类。以代表年 2015 年说明,全省用水总量为 301.28 亿 m³,其中,农业用水量为 171.80 亿 m³,占总量的 57.02%;工业用水量为95.05 亿 m³,占总量的 31.55%;生活用水量为 33.66 亿 m³,占总量的 11.17%;生态用水量为 0.77 亿 m³,占总量的 0.26%。农业是用水大户,其中包括了耕地灌溉、林果地灌溉、草地灌溉、鱼塘补水、牲畜用水。受全省农业产业结构和不同的农业对象用水需求的影响,耕地灌溉用水占农业用水的比重最高,达到了 90.40%;其次分别为鱼塘补水和牲畜用水,占总量的比重分别为 5.29%、3.39%;林果地和草地灌溉份额甚微。受水资源条件、地形条件和农业产业发展布局影响,农业用水在全省分布上主要位于湖北省中部、东部的江汉平原地区,主要集中在丹江口以下的干流区、武汉至湖口左岸区、宜昌至武汉左岸区。从行政区来看,主要位于荆州市、黄冈市、襄阳市、武汉市等地。工业用水占湖北省总用水比重也较大,其中包括火电工业和非火电工业,而火电工业包括直流式和循环式两种不同用水方式。全省非火电工业用水量为54.4亿 m³,占工业用水总量的57.2%;直流式火电工业用水量较高,为39.5亿 m³,占工业用水总量的41.5%;而循环式火电工业用水量则低很多,为1.21亿 m³,占工业用水总量的1.3%。工业用水的分布与城镇工业化水平有着较大的关系,武汉市、襄阳市、黄石市、鄂州市等地为全省工业用水较高的地区。生活用水包括城镇生活用水和农村生活用水。其中,城镇生活用水又包括城镇居民生活用水和公共用水(含服务业及建筑业等用水)。城镇居民生活用水是生活用水的主要组成,为19.7亿 m³,占生活用水量的58.4%;相对城镇居民而言,农村居民生活用水偏少,为6.89亿 m³,约为城镇居民生活用水的1/3。生活用水主要与全省人口分布和城镇化水平有较大的关系,武汉至湖口左岸区、丹江口以下干流区、城陵矶至湖口右岸区分布着湖北省主要的大中型城市,人口密集,城镇化水平高,与之相应的生活用水占比高。生态用水包括城镇环境用水和河湖补水两大类,相对全省而言,全部为城镇环境用水。

与2000年相比,2010—2016全省用水总量年处于280亿~300亿 m³ 区间,多年平均值为294.5亿 m³,较2000年的276.7亿 m³ 提高了6.4%。从用水结构来看,农业用水所占比重年际间会随着当年的来水情况呈现一定的变化,总体来水较为稳定;工业用水在2013年以前呈现增长趋势,2013年以后随着最严格水资源管理制度的实施,在总量和比重上均呈现明显的下降趋势;生活用水伴随着城镇化水平的提升和生活水平的提升,呈现稳步增长的趋势,但增长幅度较小,占总用水的比重维持稳定;生态环境用水随着城镇规模的扩大,环境需水有了较大幅度的提升,但总体上占比较低。

综上,2010—2016年全省用水总量总体保持了稳步的增长,增长幅度合理可控,与2015年全省用水总量控制指标360亿 m³ 相比,还有相当的富余,满足了全省用水总量控制的总体要求。从用水结构上看,各个用水户之间的比例日趋合理,农业用水、生活用水维持稳定,工业用水略有降低,生态环境用水略有提升。随着今后农业节水力度的进一步加大,生态环境需水的不断提升,全省用水结构将会进一步优化。

用水效率显著提升,农业节水空间较大。2010—2016年在全省GDP保持中高速增长的同时,反映全社会用水效率的湖北省人均综合用水量、万元GDP用水量、万元工业增加值用水量三大重要用水指标,呈下降态势,节水工作成效明显。全省人均总用水量减少6%,万元工业增加值用水量减少60%,万元GDP用水量减少46%,城镇居民人均生活用水量、农田灌溉亩均用水量、农村人均生活用水量增加基本持平,城镇人均生活用水量伴随着第三产业的迅速发展而略有增加,增加了9.4%。以代表年2015年说明,全省人均用水量515m³,农田灌溉亩均用水量430m³,全省万元GDP(当年价)用水量102m³,万元工业增加值(当年价,含火电)用水量81m³,城镇人均生活用水量164L/d,农村人均生活用水量72L/d。全省各市(州)用水指标值存在一定差异。人均用水量低于全省平均水平(515m³)的有恩施州、神农架林区、十堰市、武汉市、宜昌市、随州市、黄冈市;万元GDP用水量低于全省平均万元GDP用水量(102m³)的有武汉市、宜昌市、十堰市、恩施州、神农架林区。

与 2000 年比较,全省用水效率明显提高,按 2000 年可比价计算,万元 GDP 用水量从 547m³ 下降到 67m³,下降了 87.8%;全省人均总用水量从 547m³ 下降到 67m³,下降了 87.8%;全省万元工业增加值用水量从 547m³ 下降到 67m³,下降了 87.8%;节水工作成效明显。

全省农业节水仍有待加强,2016 年农业灌溉水利用系数为 0.505,与农业节水灌溉发达地区相比还有较大差距,而农业用水量占全省总用水量的一半以上,农业节水还有很大的挖潜空间。目前,全省微灌、滴灌、喷灌等高效精细灌溉还不多,大部分还是大水漫灌的粗放灌溉方式,农业节水倒逼机制还未有效形成。因此,未来应把农业节水作为节水重点,进一步加大节水力度。

耗水量略有降低,耗水率总体维持稳定。2010—2016 年湖北省总耗水量基本持平,略有下降,年均降低 0.33%。以代表年 2015 年说明,全省用水消耗总量 130.59 亿 m³,耗水率(消耗量占用水量的百分比)为 43.3%。农业耗水量 85.53 亿 m³、工业耗水量 19.31 亿 m³、生活耗水量 25.75 亿 m³,分别占用水消耗总量的 65.5%、14.8% 和 19.7%。耗水量的分布与用水量分布相同,耗水量较大的三级区主要集中在丹江口以下干流、武汉至湖口左岸、城陵矶至湖口右岸和宜昌至武汉左岸,耗水量最少的三级区是澧水;耗水量较多的市(州)有荆州市、黄冈市、襄阳市和武汉市,耗水量最少的市(州)为神农架林区。从组成变化趋势来看,农业耗水量占总耗水量的比例逐年增加,工业耗水量逐年减少,生活和生态用水量基本持平。

第二章　水资源开发利用控制红线管理

　　水资源开发利用控制红线是实行最严格水资源管理制度、建立"三条红线"的第一条红线,现阶段具体表现在用水总量控制方面。主要目标是通过落实取水许可管理、计划用水管理、总量控制与定额管理制度,严格流域与区域用水总量控制,促进水资源合理配置,实现水资源可持续利用。

　　用水总量控制指标是水资源严格管理的宏观控制指标,是指各流域、省(自治区、直辖市)和市、县、各行业、各用水户可使用的水资源总量。制定用水总量控制指标是推进水资源需水管理的重要手段,主要体现水资源承载能力的约束。在这个承载能力内,人们可以通过合理高效用水,保障经济社会可持续发展。用水一旦突破这个承载能力,就会导致资源、环境和生态系统的破坏,经济社会发展就难以为继。因此,用水总量控制是从源头上严格水资源管理、推动经济社会发展与水资源承载能力相协调的关键措施,十分必要。

第一节　用水总量控制的必要性

　　水资源是基础性的自然资源和战略性的经济资源,是生态与环境的控制性要素。人多水少,水资源时空分布不均、与生产力分配不相匹配,是我国的基本水情。随着人口的增长、经济的发展和人民生活水平的提高,水资源供需矛盾日益突出,已成为一些地区制约经济社会可持续发展的"瓶颈"因素。

　　一方面,水资源是有限的。我国人均、亩均占有水资源量少,水资源时空分布极为不均。特别是在全球气候变化和大规模经济开发双重因素的交织作用下,我国水资源情势正在发生新的变化。1980—2000 年水文系列与 1956—1979 年水文系列相比,黄河、淮河、海河和辽河 4 个流域降水量平均减少 6%,地表水资源量减少 17%,海河流域地表水资源量更是减少了 41%,北少南多的水资源格局进一步加剧。现状全国缺水量达 400 亿 m³,近 2/3 的城市存在不同程度的缺水现象,农业平均每年因旱成灾面积达 2.3 亿亩左右。例如,湖北省虽然客水较为丰富,但是多以洪水形式东流入海,难以有效利用。就自产水而言,全省人均水资源量 1731m³,低于全国平均水平,水资源供需矛盾突出。中等干旱年,全省缺水达 55.7 亿 m³,特大干旱年,全省缺水 120.8 亿 m³。

　　另一方面,水资源承载能力更是有限的。由于水资源过度、无序开发利用和水污染严重,更加剧了水资源短缺。供水快速增长、防治水污染力度与经济社会发展不相协调,使地表水污染严重,从而又导致地下水开采量大幅上升。全国地下水年均超采量达 228 亿 m^3,超采区面积达 19 万 km^2,引发河流断流、湖泊萎缩、湿地退化、地面沉降和海水入侵等一系列生态与环境问题。就湖北省而言,长江、汉江沿江城市近岸存在岸边污染带,汉江干流及部分支流多次发生"水华",中小河流超标(超Ⅲ类)河段长度已超评价河长的 20%,部分饮用水水源地水质达不到使用功能要求,"守在水边无水喝"已非危言耸听。由于过量开采地下水,全省已有 15 处地下水超采区。过度开发水资源导致的河流断流、过度围填湖泊引起的湖泊萎缩现象日渐突出。从表象上看是生态与环境问题,实质上表明水资源开发利用超过了其承载能力,需要进行用水总量控制。在既考虑满足当前发展需要,又为今后发展留有空间的基础上,划定水资源开发利用总量控制红线,就是要求在开发利用水资源时,不要突破水资源承载能力这个底线,实现以水资源可持续利用,支撑经济社会可持续发展。实施这一控制措施有着充分的科学与法律依据。

一、实行用水总量控制的理论基础

水资源承载能力和水环境承载能力是用水总量控制的理论基础。目前,国内诸多学者纷纷对水资源承载能力和水环境承载能力进行理论研究。水利部原部长汪恕诚在《水权管理与节水社会》《水环境承载能力分析与调控》中,对水资源承载能力和水环境承载能力进行阐述后,提出要通过实行总量控制(宏观控制指标)和定额管理(微观控制指标),提高水资源承载能力和水环境承载能力。水资源承载能力和水环境承载能力的提出,从理论上说明了划定开发利用控制红线、实行用水总量控制的必要性。

从技术上看,水资源承载能力是指在一个地区或流域的范围内,在具体的发展阶段和发展模式条件下,当地水资源对该地区经济社会发展以及维护良好的生态环境的最大支撑能力。水环境承载能力是指一定水域,其水体能够被继续使用并仍保持良好生态系统时,所能够容纳污水及污染物的最大能力。水资源和水环境承载能力不是无限的,它的一个重要前提,就是要保持可持续发展,也就是在保证生态用水和环境用水的前提下,再去满足经济发展用水。经济社会发展规模和速度在水资源和水环境承载能力以内,就能实现可持续发展;超越了承载能力,就会造成生态系统破坏、生存条件恶化,即使经济社会在短期内有发展,从长远上也是不可持续的。

因此,在水资源开发利用中要使有限的水资源发挥更大的社会效益、生态效益和经济效益,必须以水资源承载能力为约束,规范人类的行为,抑制水资源需求的过快增长。以水资源承载能力作为科学调整、核定取水许可总量、用水额度和制定水资源综合规划的重要依据。也就是说,明确水资源开发利用控制红线,严格实行用水总量控制,就是要切实加强需水管理,由供水管理向需水管理转变,对有限水资源进行统一调配,合理分配生产、生活和生态用水,实现水资源的供需平衡,使经济社会发展与流域水资源承载能力相协调。

对于一定流域和区域而言,水资源承载能力主要体现在水资源可利用量方面。根据水利部 32 号令《水量分配暂行办法》,水资源可利用总量主要是指地表水资源可利用量和地下水资源可开采量,扣除两者的重复量。地表水资源可利用量是指在保护生态与环境和水资源可持续利用的前提下,通过经济合理、技术可行的措施,在当地地表水资源中可供河道外消耗利用的最大水量;地下水资源可开采量是指在可预见的时期内,通过经济合理、技术可行的措施,在不引起生态与环境恶化的条件下,以凿井的方式从地下含水层中获取的可持续利用的水量。

地表水资源可利用量计算主要遵循以下原则:一是水资源可持续利用的原则。水资源可利用量应分析水资源合理开发利用的最大限度和潜力,合理控制水资源开发利用的程度,保障水资源的可持续利用。二是统筹兼顾及优先保证最小生态环境需水的原则。遵循高效、公平和可持续利用的原则,统筹协调生活、生产和生态等各项用水。在统筹河道内与河道外各项用水中,应优先保证河道内最小生态环境需水要求。三是以流域水系为系统的原则。地表水资源的分布以流域水系为特征。水资源可利用量也应按流域和水系进行分析,以保持计算成果的一致性、准确性和完整性。四是因地制宜的原则。不同类型、不同流域水系的可利用量分析的重点与计算的方法也应有所不同。根据资料条件和具体情况,选择相适宜的计算方法,确定可利用量。

水资源量包括不可以被利用水量和不可能被利用水量。不可以被利用水量是指不允许利用的水量,以免造成生态环境恶化及被破坏的严重后果,即必须满足的河道内生态环境用水量。不可能被利用水量是指受种种因素和条件的限制,无法被利用的水量,主要包括:超出工程最大调蓄能力和供水能力的洪水量,在可预见时期内受工程经济技术性影响不可能被利用的水量,以及在可预见的时期内超出最大用水需求的水量。水资源可利用量一般用倒算法与正算法(倒扣计算法与直接计算法)来推算。

所谓倒算法是用多年平均水资源量,减去不可以被利用水量和不可能被利用水量中的汛期下泄洪水量的多年平均值,得出多年平均水资源可利用量。可用下式表示:

$$W_{地表水可利用量} = W_{地表水资源量} - W_{河道内最小生态环境需水量} - W_{洪水弃水量} \quad\quad (3.1)$$

倒算法一般用于北方水资源紧缺地区。

所谓正算法是根据工程最大供水能力或最大用水需求的分析成果,以用水消耗系数(耗水率)折算出相应的可供河道外一次性利用的水量。

$$W_{地表水可利用量} = K_{用水消耗系数} \times W_{最大供水能力} \quad\quad (3.2)$$

或

$$W_{地表水可利用量} = K_{用水消耗系数} \times W_{最大用水需求} \quad\quad (3.3)$$

正算法用于南方水资源较丰沛的地区及沿海独流入海河流,其中式(3.2)一般用于大江大河上游或支流水资源开发利用难度较大的山区,以及沿海独流入海河流,式(3.3)一般用于大江大河下游地区。

二、实行用水总量控制的法律依据

《水法》在水资源开发利用、用水总量控制方面已明确设计了以下几项制度及制度性规定。

1. 水资源调查评价制度

《水法》第十六条规定:"制定规划,必须进行水资源综合科学考察和调查评价。水资源综合科学考察和调查评价,由县级以上人民政府水行政主管部门会同同级有关部门组织进行。"水资源综合科学考察和调查评价的目的是全面客观地掌握水资源的自然状况和开发利用现状,以及未来的变化趋势,客观反映水资源开发利用中存在的问题。水资源调查评价成果是开发、利用、节约、保护、管理水资源和防治水害的基础依据。因此,进行水资源规划,为经济社会发展提供水资源保障,必须进行水资源调查评价。水资源综合科学考察和调查是水行政主管部门的职责,同时又是涉及多部门、多学科的工作,所以《水法》规定由县级以上人民政府水行政主管部门会同同级有关部门组织进行。

2. 水资源规划制度

水资源规划是水资源开发、利用等水事活动的基础,是用水总量控制的前提。《水法》将"水资源规划"单列一章,明确了水资源规划的法律地位,第十四条第二款规定:"开发、利用、节约、保护水资源和防治水害,应当按照流域、区域统一制定规划。"《水法》第二章规定,水资源规划分为以下几种:

(1)全国水资源战略规划

《水法》第十四条第一款明确规定"国家制定全国水资源战略规划",把国家水资源规划的定位提高到了战略的高度,指出由国务院组织有关部门制定。针对我国基本国情,为解决跨大江大河流域间的重大水资源调配和布局问题,仅有流域或者区域的水资源规划是不够的,还应当制定全国的水资源战略规划。全国的水资源战略规划是宏观规划,主要是在查清我国水资源及其开发利用现状、分析评价水资源承载能力的基础上,根据水资源的分布和经济社会发展整体布局,计划水资源的配置和综合治理问题。全国水资源战略规划虽未编制,但 2010 年 10 月国务院印发的《关于全国水资源综合规划(2010—2030 年)的批复》(国函〔2010〕118 号)可视为水资源战略规划。举世瞩目的南水北调工程,需要贯通长江、淮河、海河、黄河,实现跨流域调水,就属于全国水资源战略规划的范畴。

(2)流域综合规划与区域综合规划

流域综合规划与区域综合规划分 3 个层次:

1)重要江河、湖泊流域综合规划

国家确定的重要江河、湖泊的流域综合规划,由国务院水行政主管部门会同国务院有关部门和有关省、自治区、直辖市人民政府编制,报国务院批准。

2)跨省、自治区、直辖市的江河、湖泊流域综合规划与区域综合规划

由有关流域管理机构会同江河、湖泊所在地的省、自治区、直辖市人民政府水行政主管部门和有关部门编制,分别经有关省、自治区、直辖市人民政府审查提出意见后,报国务院水行政主管部门审核;国务院水行政主管部门征求国务院有关部门意见后,报国务院或者其授权的部门批准。

3)其他江河、湖泊流域综合规划与区域综合规划

由县级以上地方人民政府水行政主管部门会同同级有关部门和有关地方人民政府编制,报本级人民政府或者其授权的部门批准,并报上一级水行政主管部门备案。

流域规划包括流域综合规划和流域专业规划;区域规划包括区域综合规划和区域专业规划;专业规划包括防洪、治涝、灌溉、航运、供水、水力发电、竹木流放、渔业、水资源保护、水土保持、防沙治沙、节约用水等。

3. 水中长期供求规划制度

水中长期供求规划,是调节水资源的总供给和总需求关系的总体部署,以水资源可供给量和生态环境可承受的能力为基础,立足现实,展望中长期。根据经济社会发展对水的需求量和水资源可开发水平决定的可供量决定需求,按照统筹兼顾、综合平衡和合理调配的原则,协调好全国或流域、区域的生活、生产和生态用水。水中长期供求规划的制定关系到国民经济的各个方面和生态环境,是国民经济中长期规划的重要组成部分。水中长期供求规划也分为全国和跨省、自治区、直辖市以及地方3种。

《水法》第四十四条规定:"……地方的水中长期供求规划,由县级以上地方人民政府水行政主管部门会同同级有关部门依据上一级水中长期供求规划和本地区的实际情况制订,经本级人民政府发展计划主管部门审查批准后执行。"本规定非常明确、具体。

4. 水资源论证制度

《水法》第二十三条规定:"国民经济和社会发展规划以及城市总体规划的编制、重大建设项目的布局,应当与当地水资源条件和防洪要求相适应,并进行科学论证;在水资源不足的地区,应当对城市规模和建设耗水量大的工业、农业和服务业项目加以限制。"水资源论证是加强水资源事前管理、有效控制开发利用水资源源头的重要手段,是取水许可制度的重要环节,为各级水行政主管部门审批取水许可提供技术咨询意见,是保证取水许可审批科学、合理的技术前提。水资源论证也是经济社会规划、布局、重大项目选址等的重要前置条件,是深化取水许可制度、减少审批随意性、规范科学许可的一项重要制度保障。

5. 取水许可和水资源有偿使用制度

《水法》第四十八条规定:"直接从江河、湖泊或者地下取用水资源的单位和个人,应当按照国家取水许可制度和水资源有偿使用制度的规定,向水行政主管部门或者流域管理机构申请领取取水许可证,并缴纳水资源费,取得取水权。但是,家庭生活和零星散养、圈养畜禽饮用等少量取水的除外。"取水许可和水资源有偿使用制度是我国用水管理的一项基本制

度,是调控水资源供求关系的基本手段。实行取水许可制度,有利于水资源在人们生活和生产过程中,在保障经济社会可持续发展中具有的使用价值和不可替代性,同时也使其具有了价值。对水资源实行有偿使用制度,有利于有效控制水的需求,缓解一些地区严重缺水的局面;有利于水资源利用方式由粗放型向集约型转变,促进节约用水,建立节水型社会;有利于国家对水资源宏观管理措施的落实,促进水资源的合理配置和可持续利用。

目前,包括湖北省在内的全国20多个省、自治区、直辖市已经颁布了征收水资源费的办法和标准。但由于水资源费标准普遍偏低,未反映水资源价值和稀缺程度,以及征收范围不全面等,水资源有偿使用制度还不健全和完善,需要依法进一步推进。新《水法》将实施取水许可和收取水资源费两项制度紧密相连,就是将取得取水许可证和缴纳水资源费作为取得取水权的前提条件,为进一步健全完善我国的水资源权属法律制度和取水许可、水资源有偿使用制度提供了法律依据,为在国家宏观调控下进一步运用市场机制配置水资源创立了法制基础。

6. 水量分配方案和调度预案制度

根据《水法》第四十五条、第四十六条规定,水量分配方案是指在一个流域内,根据流域内各行政区域的用水现状、地理、气候、水资源条件、人口、土地、经济结构、经济发展水平、用水效率、管理水平等各项因素,将水资源分配到各行政区域的计划。旱情紧急情况下的水量调度预案是指在连续枯水年和特旱年,为减轻严重缺水干旱造成的损失,各流域和各行政区域应当制定的措施和应急计划。前者是分水方案,后者是应对旱情紧急情况的对策方案。

实行水量分配方案和调度预案制度,是提高应对干旱灾害能力、缓解水资源日益短缺问题的重要措施。

7. 用水总量控制和定额管理相结合制度

《水法》第四十七条规定:"国家对用水实行总量控制和定额管理相结合的制度","省、自治区、直辖市人民政府有关行业主管部门应当制订本行政区域内行业用水定额,报同级水行政主管部门和质量监督检验行政主管部门审核同意后,由省、自治区、直辖市人民政府公布,并报国务院水行政主管部门和国务院质量监督检验行政主管部门备案","县级以上地方人民政府发展计划主管部门会同同级水行政主管部门,根据用水定额、经济技术条件以及水量分配方案确定的可供本行政区域使用的水量,制定年度用水计划,对本行政区域内的年度用水实行总量控制。"用水总量控制和定额管理制度的确立,从源头上抑制了不合理用水需求,可促进产业结构的优化升级。这为国家实现对水资源的宏观调控,合理配置、开发、利用、节约和保护水资源提供了法律保证。此外,《水法》第七条规定了"国家对水资源依法实行取水许可制度和有偿使用制度",第二十一条规定的"开发、利用水资源,应当首先满足城乡居民生活用水,并兼顾农业、工业、生态环境用水以及航运等需要",确立了水资源调配的基本原则。2006年国务院460号令颁布的《取水许可和水资源费征收管理条例》确立了水资源论证制度。水利部32号令《水量分配暂行办法》规定了水量分配制度,明确经水量分配确定的行政区域水量份额是实施用水总量控制和定额管理相结合制度的基础。这些规定都是用水总量控制的法规依据。

总量控制是水资源管理的宏观控制指标,是指各流域、省(自治区、直辖市)和市(州、盟)、县(区、旗)、各部门、各企业、各用水户可使用的水资源量。总量控制这个宏观控制指标,要根据全国各级水资源调查评价,在摸清全国可利用水资源量、各级可利用水资源量和各行各业、各用水户用水定额以及现状用水量的基础上才能确定。

定额管理是水资源管理的微观控制指标,是确定水资源宏观控制指标总量控制的基础。定额涉及经济、社会的各行各业和居民生活,要在水平衡测试的基础上确定各行各业、各种单位产品和服务项目的具体用量。

有了这两个指标的约束,各地区、各行业、各用水户的每一项工作都有了自己的用水指标,再加上实行计量收费、超定额累进加价的收费制度,就可以在全社会层层建立一种节水激励制度,就能层层落实节水责任。节水与每个单位和个人经济利益挂起钩来,节水型工业、农业、服务业和节水型社会才能建立,才能实现水资源的可持续利用,保障经济社会的可持续发展。

三、实行用水总量控制的技术支撑

确定用水总量控制指标,从总体上讲,必须遵循高效、公平和可持续性原则,充分考虑流域与行政区域水资源条件、供用水历史和现状、未来发展的供水能力和用水需求、节水型社会建设要求,妥善处理上下游、左右岸的用水关系,协调地表水与地下水、河道内与河道外用水,统筹安排生活、生产和生态用水。在全国水资源综合规划的基础上,根据水资源可利用总量及水资源配置方案,按照流域和省、市、县逐级下达建立用水总量控制指标。指标制定应主要考虑以下因素:

1. 经批准的水资源规划

水资源规划是确定用水总量的前提。《水法》第十八条规定"规划一经批准,必须严格执行",第十九条规定"建设水工程,必须符合流域综合规划",第三十一条规定"从事水资源开发、利用、节约、保护和防治水害等水事活动,应当遵守经批准的规划"。同时,《水法》建立了规划同意书制度,要求加强对规划实施的监督。因此,经批准的水资源规划是用水总量控制的重要技术依据。这些规划包括全国水资源战略规划,流域或者区域的综合规划,水资源保护规划、节水规划、城市供水等专项规划,水中长期供求规划等。其中最重要的是水资源综合规划。水资源综合规划是在全面系统地进行水资源调查评价的基础上,分析水资源和水环境承载能力,综合考虑国民经济和社会发展的需要,全面制定水资源开发、利用、配置、节约和保护的规划方案。水资源综合规划经批准后具有法律效力,是强化水资源统一管理,建立权威、高效、协调的水资源管理体制和机制,合理调度和统一管理水资源的基础和重要依据。其主要内容包括以下几个方面:

（1）水资源及开发利用现状评价

系统地调查评价水资源的数量、质量、能量、可利用量、时空分布特点和演变趋势，分析现状水资源开发利用水平。

（2）制定节水、水资源保护和污水处理再利用规划

在对现状水资源利用效率和水污染状况分析的基础上，评估提高水资源利用效率和节水、污水处理再利用的开发潜力。根据需水预测，确定节水、水资源保护及污水处理再利用的目标，制定实现这些目标的节水、水资源保护和污水处理再利用规划。

（3）水资源开发利用潜力和水资源承载能力分析

在水资源评价及开发利用现状分析的基础上，根据节水、水资源保护和污水处理再利用规划，综合考虑各种水源和经济结构调整的可能性，分析水资源的综合开发利用潜力、综合评估水资源承载能力。在水资源供需动态平衡中，充分发挥节约和挖潜等作用，寻求开发与保护、开源与节流、供水与治污、需要与可能之间的协调，改进水资源利用方式，制定经济合理、技术可行、环境安全的水资源可持续利用方式。

（4）制定水资源合理配置方案

根据经济社会发展和环境改善对水资源的要求及水资源的实际条件，进行规划水资源供需分析。在水资源节约和保护的基础上，建立水资源配置的宏观指标体系，提出协调上、中、下游，生活、生产和生态用水，流域和区域之间的水资源合理配置方案；制定提高水资源利用效率的对策措施，包括调整产业结构与生产力布局，建立合理的水价形成机制和节约用水措施等，使经济社会发展与水资源条件相适应。

（5）提出水资源开发、利用、治理、配置、节约和保护的布局与措施的实施方案

在水资源合理配置和节约、保护的基础上，统筹规划流域和区域水资源的开发利用和综合治理等措施，提出与生态建设和环境保护相协调、与经济社会发展相适应的开发利用布局和治理实施方案。

（6）制定水管理的对策和措施，建立适应社会主义市场经济体制的水资源管理制度

以健全的法制和法规手段规范水事活动，以行政手段界定水事行为，以经济手段调节水事活动和用科学技术手段开发利用和管理水资源。合理确定政府、市场、用户三者在水资源开发、利用治理配置、节约、保护中的责任、义务和权力。逐步建立以政府宏观调控、用户民主协商、水市场调节三者有机结合的体制为基础的有效的水资源管理模式和高效利用的运行模式。

2010 年 10 月，国务院以国函〔2010〕118 号印发了《关于全国水资源综合规划（2010—2030 年）的批复》，原则同意《全国水资源综合规划》。国务院的批复在明确今后一个时期我国水资源节约、管理和保护指导思想的基础上，提出了目标任务和工作措施，要求"各地和各有关部门要加强领导、密切配合、精心组织、认真分解、落实《规划》提出的各项任务和措施，确保《规划》顺利实施"；明确到 2020 年，全国用水总量力争控制在 6700 亿 m³ 以内；万元 GDP 用水量、万元工业增加值用水量分别降到 120m³、65m³，均比 2008 年降低 50% 左右，现

已基本达到。

2. 经批准的水量分配方案

《水法》第四十五条规定:"调蓄径流和分配水量,应当依据流域规划和水中长期供求规划,以流域为单元制定水量分配方案。跨省、自治区、直辖市的水量分配方案和旱情紧急情况下的水量调度预案,由流域管理机构商有关省、自治区、直辖市人民政府制订,报国务院或者其授权的部门批准后执行。其他跨行政区域的水量分配方案和旱情紧急情况下的水量调度预案,由共同的上一级人民政府水行政主管部门商有关地方人民政府制订,报本级人民政府批准后执行。水量分配方案和旱情紧急情况下的水量调度预案经批准后,有关地方人民政府必须执行。在不同行政区域之间的边界河流上建设水资源开发、利用项目,应当符合该流域经批准的水量分配方案,由有关县级以上地方人民政府报共同的上一级人民政府水行政主管部门或者有关流域管理机构批准。"

水利部第 32 号令发布的《水量分配暂行办法》明确:"水量分配方案是对水资源可利用总量或者可分配的水量向行政区域进行逐级分配,确定行政区域生活、生产可消耗的水量份额或者取用水水量份额。""经水量分配确定的行政区域水量份额是实施用水总量控制和定额管理相结合制度的基础。"

水量分配应当遵循公平和公正的原则,充分考虑流域与行政区域水资源条件、供用水历史和现状、未来发展的供水能力和用水需求、节水型社会建设的要求,妥善处理上下游、左右岸的用水关系,协调地表水与地下水、河道内与河道外用水,统筹安排生活、生产、生态与环境用水。

水量分配方案应以水资源综合规划为基础,包括以下主要内容:一是流域或者行政区域水资源可利用总量或者可分配的水量;二是各行政区域的水量份额及其相应的河段、水库、湖泊和地下水开采区域;三是对应于不同来水频率或保证率的各行政区域年度用水量的调整和相应调度原则;四是预留的水量份额及其相应的河段、水库、湖泊和地下水开采区域;五是跨行政区域河流、湖泊的边界断面流量、径流量、湖泊水位、水质,以及跨行政区域地下水水源地地下水水位和水质等控制指标。

3. 确定的流域或区域取水许可总量控制指标

我国《水法》规定,"国家对水资源依法实行取水许可制度和有偿使用制度","直接从江河、湖泊或者地下取用水资源的单位和个人,应当按照国家取水许可制度和水资源有偿使用制度的规定,向水行政主管部门或者流域管理机构申请领取取水许可证,并缴纳水资源费,取得取水权。"水利部第 34 号令发布的《取水许可管理办法》进一步完善了取水许可制度,明确规定:"流域内批准取水的总耗水量不得超过国家批准的本流域水资源可利用量。"这些规定是实行从流域或区域向取用水户配置的一项重要制度保障。

取水许可总量控制指标是指在江河、湖泊、地下水允许取水的最大取水量,是各流域或区域依据流域或区域水资源承载能力,在江河流域水量分配方案或水资源综合规划的基础上,制定的一系列取水控制指标,为科学实施取水许可管理制度提供定量化的技术支撑。该指标是取水许可审批的依据,是实现用水总量控制的行政管理指标,也是落实用水总量控制的主要控制手段。各流域编制完成的取水许可总量控制指标方案,经水利部批准审批颁布实行后用于指导全国取水许可管理工作。省级行政区主要是将流域取水许可总量控制指标分解到各市、县,建立覆盖省、市、县三级行政区域的取水许可总量控制指标体系。

4. 经地方政府批准的用水定额

定额管理是水资源管理的微观控制指标,是确定用水总量控制指标的基础。《取水许可和水资源费征收管理条例》明确规定:"按照行业用水定额核定的用水量是取水量审批的主要依据。"用水定额是指单位时间内,单位产品、单位面积或人均生活所需要的水量,主要包括工业用水定额(其中,工业产品用水定额是指在一定条件下,以生产工业产品的单位产量为核算单元的标准新水量;工业产值用水定额是指在一定条件下,以生产工业产品的单位产值为核算单元的标准新水量)、农业灌溉用水定额(作物播种前及生育期内单位面积上各次田间灌溉用水量之和)、居民生活用水定额(指在一定时间内居民家庭日常人均生活用水量)。定额涉及各行各业和居民生活,要在水平衡测试的基础上确定各行各业、各种单位产品和服务项目的具体水量。

第二节　用水总量控制红线指标体系

实施水资源开发利用控制红线的基本思路是根据水资源开发利用红线控制指标的要求,确定用水总量控制指标和年度评估指标,分解到各流域、各级行政区,并将新增用水分类配置,建立覆盖流域和省、市、县三级行政区域的取水许可总量控制体系,并通过落实总量控制措施,建立监督考核机制,强化保障措施,落实水资源开发利用控制红线。因此,建立用水总量红线指标体系是落实水资源开发利用控制红线的首要环节。

一、用水总量控制的总体目标

明确水资源开发利用红线,严格实行用水总量控制,关键是建立区域地表水用水总量、地下水可开采总量和取水户用水总量的控制体系。到2030年,全国用水总量控制在7000亿 m³ 以内。

二、用水总量控制指标体系

用水总量控制指标,是三条红线中最敏感、最重要的控制指标,是水资源管理阶段性的宏观控制的管理目标,并非初始水权的分配。用水总量控制指标体系包括用水总量控制指标分解、新增用水总量分类评估指标、流域取水许可总量控制和其他总量控制等4个方面。

1. 用水总量控制指标分解

首先,按流域和省级行政区分解供用水量,作为流域和区域用水总量控制的考核基数指标。以《2008年中国水资源公报》供用水量和水资源综合规划为基础,以2015年用水总量6200亿m³为控制指标,分解得到各水资源一级区和省级行政区供用水量。其次,以地下水开发利用保护规划及水资源综合规划成果为依据,提出2015年各水资源一级区和省级行政区地下水供用水量。把供用水量与地下水供用水量之差,作为各水资源一级区和省级行政区地表水用水总量控制指标。

各省级行政区主要是将用水总量控制指标逐级分解,建立覆盖省、市、县三级行政区域的用水总量控制指标体系。

2. 新增用水总量分类评估指标

新增用水总量分类评估指标是用水总量控制的年度评估指标,是实施用水总量控制的最有效手段。全国以2008年为基数,将新增用水总量分类配置:新增生活用水严格按用水定额管理,以全国新增105亿m³控制按区域分解;新增农业用水在充分考虑节水的前提下,以全国新增123亿m³控制分流域、分区域按《千亿斤粮食增产用水规划》分解;新增工业用水总量按全国新增62亿m³控制分解。考虑到各地区水资源承载力和经济社会发展用水增长趋势,全国生活用水增量中,约有20亿m³需水量可通过用水结构调整解决,不占用全国用水总量增长指标,这部分水量暂不分解,作为全国经济社会发展用水增长的预留水量。各省级行政区将分类新增用水总量指标逐级分解,建立覆盖省、市、县三级行政区域的分类用水增量控制指标体系。

3. 流域取水许可总量控制指标

各流域编制完成的取水许可总量控制方案,经水利部审批颁布实行后用于指导全国取水许可管理工作。

三、指标分解

1. 指标分解

各流域管理机构负责协调落实流域内有关省级行政区地下水开采控制指标的分解工作。各省级行政区水行政主管部门负责将本辖区已确定的地下水开采总量和地下水压采控制指标逐级分解落实到县级行政区,报水利部备案审核后公布实施。

2. 制订年度开采计划

各省级人民政府水行政主管部门依据批准的开采量控制指标和年度来水量预测,制定辖区内各行政单元的年度地下水开采计划,经流域管理机构复核后报水利部备案。

每年年中,各省级水行政主管部门和流域管理机构,根据当年来水和实际需水情况,特别是在出现严重干旱或地表水供水紧张的情况下,可对地下水开采计划进行适当调整,合理调配地下水开采量,但必须满足多年平均开采量不超过地下水开发利用控制红线。

第三节　用水总量控制红线考评办法

一、考核机制

建立和明确开发利用红线控制指标考核体系,把考核指标纳入各地经济社会发展综合评价体系,地方各级政府要对考核指标进行分级考核,进一步强化红线指标控制的监管力度。

1．考核对象

主要是各级地方人民政府。国务院对省级人民政府考核,省级人民政府对市(州)人民政府进行考核,市(州)人民政府对县(市、区)人民政府进行考核。

2．考核内容

主要针对各级地方行政区域用水总量控制指标的落实情况进行考核。主要考核指标包括用水总量控制指标、地下水开采总量控制指标、地下水压采指标、行政区分类用水指标、取水许可总量控制指标。同时,结合对用水总量控制指标的考核,检查各地水资源论证、取水许可、计量设施安装、水资源费征收使用等水资源管理工作。

3．考核办法

主要实行国家考核与地方考核相结合、考核下一级的原则,省级人民政府考核指标可纳入国家考核体系,由国务院组织统一考核;各省级行政区内,地方人民政府根据本行政区域分解给下一级的控制指标自行组织考核。

4．考核程序

(1)国家考核程序

一是各省级人民政府对用水总量控制指标逐年分解,确定年度目标和任务,报水利部备案。水利部代表国家组织对各省级行政区落实年度目标和重点任务情况进行日常监督检查。二是各省级人民政府于每年3月底前将本地区上年度目标和任务完成情况自查报告报送水利部。水利部会同有关部门,组织流域机构对各省级行政区年度目标和重点任务完成情况进行检查评估考核,将全国评估考核结果报国务院,经国务院审定后向社会公告。考核结果交由干部主管部门,作为对各省级人民政府领导班子和领导干部考核的重要依据。

(2)地方考核程序

地方考核程序由省、市(州)各级水行政主管部门制定,并报同级组织部门备案。

主要从以下方面建立和健全考核机制:一是强化对政府的考核。实行行政首长负责制,把用水总量考核指标纳入各地经济社会发展综合评价体系,作为对各级地方人民政府领导班子和主要负责同志综合评价的重要依据,强化用水总量控制指标体系对地方人民政府的约束力。二是强化对用水户的考核。三是完善考核的细化标准和程序。建立奖惩分明的考核制度,建立完善的权威的监督体制,防止考核中出现舞弊现象。

5. 奖惩措施

①考核结果作为对各级地方人民政府领导班子和主要负责同志综合评价的重要依据,实行问责制。对考核工作中瞒报、谎报的地区,予以通报批评,有关部门对直接责任人将追究领导责任。

②国家对完成和超额完成考核指标的省级人民政府,予以表彰奖励;在安排该地区建设项目立项审批、取水许可审批、投资计划下达和落实"以奖代补"政策时优先考虑。对未完成考核指标的省级人民政府,在评价考核结果公告后一个月内,提出限期整改措施,并报水利部;对连续两年未完成考核指标的省级行政区,建设项目新增取水的要限制审批或暂停审批,新增取水的建设项目水资源论证审查时不予通过,新增取水的建设项目不得核发取水许可证。

二、工作措施

1. 落实管理责任

明确县级以上地方人民政府对用水总量控制负总责,逐级落实责任。将用水总量主要控制指标纳入各地经济社会发展综合评价体系,实行严格的问责制,强化政府责任。

2. 推进监控能力建设

(1)建设边界控制断面水量水质监测系统

建立覆盖省、市、县边界断面和关键控制断面的水量水质监测计量系统。

(2)完善取水户取用水计量设施

全国大中型灌区取水口取水计量率达到80%,斗口以上取水计量率达到50%,缺水地区大中型灌区斗口以上计量率达到80%。井灌区地下水开采量计量率达到50%。

(3)建设水资源管理信息系统

基本建成统一的水资源管理信息自动采集、传输和应用系统,初步实现水资源管理信息化。

(4)加强地下水动态监测能力建设

整合已有的地下水动态监测、计量系统,建立完善国家级和地方地下水动态监测和开采计量体系。加快建设国家地下水资源管理信息系统,逐步建立起中央、流域和地方地下水资源监控管理信息平台和信息发布制度,及时统计、发布地下水资源信息。加强部门合作,建立与国土资源部、生态环境部等部门间的地下水资料共享机制。

3. 加强管理队伍建设

要设置专职的水资源管理或节水管理机构,配备足够的工作人员,组织经常性的培训,不断提高队伍素质和管理水平。

第四节 用水总量控制的主要管理制度

到 2030 年,全国用水总量要控制在 7000 亿 m³,必须实施用水总量控制,关键是要强化落实计划用水制度、用水定额管理制度、水资源有偿使用制度、水资源论证制度、水量分配制度、取水计量制度、取用水统计制度等一系列制度。

1. 实施年度增量控制指标审批制度

依据区域内水量分配、用水协议、建设项目水资源论证、规划水资源论证、水资源费征收等执行和落实情况,以及区域用水效率红线、纳污红线的评估考核业绩,结合水资源和水环境承载力状况以及经济社会发展需求,实行逐年审批新增用水指标,并鼓励通过节水挖潜和水权转换实现用水结构的调整。各地农业新增用水除列入全国千亿斤粮食规划的新增农业用水外,新增农业用水一律不予审批;新增工业用水按微增长控制,对新增工业用水指标(不含通过水权转换用于工业的水量)分流域和省级行政区实行增量指标年度审批制度。国家鼓励各省、自治区、直辖市通过水权转换支持新增工业用水,每年度国家依据各省、自治区、直辖市提出的申请,批复各省、自治区、直辖市年度水权转换新增工业用水指标;生活用水增长率按刚性微增长控制,要厉行节约,严格控制不合理增长。

2. 水量分配制度

根据流域规划和水资源综合规划,以流域为单元制定水量分配方案,是《水法》确立的一项重要制度,也是落实用水总量控制指标的重要抓手。制定和完成全国重要江河、湖泊水量分配方案的编制工作;完成各省、自治区、直辖市重要江河、区域的水量分配方案的编制工作。

3. 取水许可管理和总量控制制度

强化取水许可管理,是加强水资源管理的重要措施之一。要严格取水许可管理,对已经达到取用水总量指标的地区,停止审批新增取水;对接近取用水总量指标的地区,限制审批新增取水;对尚有开发潜力的地区,要在有效保护水资源、厉行节约的基础上,制定促进产业良性发展的水资源管理政策。农业用水除列入全国千亿斤粮食规划的新增农业用水外,原则上不再新增用水指标。从严控制工业用水增长,新增工业用水鼓励通过水权转换和节约挖潜解决。生活用水要厉行节约,严格控制不合理增长。

4. 计划用水制度

计划用水制度是指在一定流域或行政区域内,水行政主管部门根据本地区用水总量控制指标和行业用水定额,结合本地用水状况及下一年用水需求,制定用水计划并将用水计划分配到各类、各级用水单位或个人的制度。对于超计划用水按规定缴纳加价水费或累进加价征收水资源费。

5. 水资源论证制度

水资源论证制度是推进用水总量控制、加强水资源源头管理的重要手段，也是体现"红线"控制的刚性手段。水资源论证可分为宏观论证和微观论证。所谓宏观论证，就是对经济社会发展规划、城市总体规划以及重大建设项目的布局进行水资源论证，把好用水总量控制的宏观关口。这也是我们当前工作的薄弱环节，必须下大气力，力争取得突破。所谓微观论证，就是具体的建设项目水资源论证。建设项目水资源论证的目的是通过取水建设项目取水水源可靠性、用水合理性及取退水对第三方和水环境的影响进行论证，使项目取水符合相关水资源规划及水资源、水环境承载能力的要求，促进水资源的节约和保护。要从严对新改扩取水建设项目进行建设项目水资源论证，限制高耗水、高污染项目，完善节水方案和措施，严格控制新增用水量。同时，加快推进水资源论证立法，进一步严格水资源论证审查和资质管理，建立水资源论证公众参与制度。

6. 水资源统一调度制度

各流域管理机构和各省级行政区要制定流域和本行政区域内重要江河、湖泊、水库的水资源调度方案、应急调度预案和调度计划。统筹常规调度和应急调度，积极开展供水调度、河湖连通和生态调度等水资源调度工作。

7. 水资源费有偿使用制度

逐步建立反映水资源稀缺程度、促进水资源高效利用和有效保护的水资源费征收机制，落实超计划累进加价征收水资源费制度。各地要合理调整水资源费征收标准，有条件的地区要尽快开展两部制水资源费征收试点，促进用水总量控制。

8. 取用水监管制度

取用水监管制度包括取水计量制度、取用水统计制度、取水工程验收制度等。这些制度是促进用水总量控制的重要手段。要加强水资源监督管理，开展取水工程验收管理，强化取水计量设施安装，规范取用水统计，严厉查处违法取水行为，全面加强取水、用水、退水等水资源开发利用各环节的监管，充分利用各种管理手段控制用水总量。

9. 地下水资源管理制度

(1)强化地下水取水许可管理

对于已办理地下水取水许可证的用水户，需对取水量进行重新核定。对于未办理地下水取水许可证的用水户，根据法律规定，需要办理取水许可证的要根据开采总量控制要求，办理取水许可证；不需要办理取水许可证的，主要是广大的农村小规模用水，要将控制开采量具体落实到各级农民用水者协会，实行自律式管理。

(2)实行地下水取用限额管理

根据节水型社会建设要求，核定自备井开采限额和井灌区用水限额。对于自备井超限额取用地下水的,累进加价征收水资源费;对于井灌区,在限额以内取用地下水的,免征水资源费;超限额取用地下水的,实行累进加价的水资源费征收制度。具体限额由地方人民政府具体制定。

(3)严格地下水开采计量管理

对单位自备井和其他规模以上的开采井必须安装取水计量设施。具体规模大小由省级人民政府水行政主管部门确定。完善地下水开采量统计核查机制,实施地下水开采量月报制度。

(4)规范地下水取水工程管理

在全国地下水取水工程普查工作的基础上,建立地下水取水工程登记管理制度。按照"四个一"管理模式(一井一表、一井一证、一井一账、一井一牌)规范地下水取水工程管理。

(5)加强地下水开发利用总量控制

核定并公布地下水超采区,明确禁采和限采范围。

第五节　湖北省用水总量控制管理实践

一、湖北省用水总量控制指标

根据《中共中央 国务院关于加快水利改革发展的决定》(中发〔2011〕1 号)及《国务院关于全国水资源综合规划(2010—2030 年)的批复》(国函〔2010〕118 号),2020 年全国用水总量控制在 6700 亿 m³,2030 年控制在 7000 亿 m³。水利部要求 2015 年全国用水总量控制在 6350 亿 m³ 以内。为加快推进最严格水资源管理制度的实施,按照水利部水资源〔2011〕368 号文《关于做好水量分配工作的通知》要求和流域委分配给湖北的用水总量,对湖北各地市、流域的用水总量进行分配。

2015 年、2020 年和 2030 年流域委分配给湖北的用水总量分别为 315.31 亿 m³、365.91 亿 m³ 和 368.91 亿 m³,见表 2-5-1。

表 2-5-1　　　　　　　　　　湖北省用水总量控制指标表

分区	水资源二级区	用水总量(亿 m³)		
		2015 年	2020 年	2030 年
淮河流域	淮河上游	1.2	1.4	1.5
长江流域	乌江	0.78	1.10	1.12
	宜宾至宜昌	4.32	5.50	5.93
	洞庭湖水系	15.68	16.27	16.42
	汉江	104.99	123.83	124.39
	宜昌至湖口	180.81	209.70	211.60

分区	水资源二级区	用水总量(亿 m³)		
		2015 年	2020 年	2030 年
长江流域	湖口以下干流	7.53	8.11	7.94
	小计	314.11	364.51	367.41
湖北省合计		315.31	365.91	368.91

二、湖北省用水总量分配原则

①以流域委分配给湖北三个水平年的用水总量额度进行分配;

②按照生活(城镇、农村、牲畜)、工业(二产＋三产)、农业、生态四大类进行用水分配;

③优先保障生活用水,水量分配不低于现状用水量,并适度增长;

④工业用水量:根据 2002—2010 年用水量增长和预测的 2012—2030 年国民经济增长趋势以及不同水平年用水效率提高的刚性要求进行分配;

⑤生态用水:采用湖北上报并经长江水利委员会同意的水资源综合规划成果;

⑥农业用水:分配以水资源综合规划成果为基础进行调整。

三、2015 年用水总量控制指标分解

以 2010 年水资源公报为基础,以水资源综合规划 2020 年配置的水量为依据,结合近 10 年来各地市用水变化趋势,分析确定 2015 年各地市用水总量控制指标。

1. 生活用水量(含城镇、农村、牲畜)

根据 2002—2010 年湖北省水资源公报各地市数据分析,生活用水呈平稳增长趋势。2015 年用水量根据各地市用水增长率计算得到。

2. 工业(二产＋三产)用水量

采用以下两种方法进行计算分配,以相互验证。

(1)方法一(2011 年 12 月成果)

根据各地市国民经济和社会发展"十二五"规划纲要确定的第二、三产业增长率,以及 2015 年用水效率指标计算各地市工业用水量,而后对各地市用水量进行修正。其中,武汉市 2010 年万元工业增加值用水定额已经处于较低水平,2015 年用水量仅进行适当削减。其他各地市工业用水量按全省控制 140 亿 m³ 进行同比例缩放,以求得其他各地市工业用水量。全省工业用水总量控制在 140 亿 m³,主要依据 2002—2010 年全省第二、三产业用水增长率以及"十二五"期间最严格水资源管理制度的实施综合确定。

(2)方法二

兼顾 2005—2010 年近 5 年的用水增长情况和"十二五"规划工业用水预测成果,将近 5

年用水量增长值和预测的"十二五"规划工业用水量增加值取平均值,再加上 2010 年用水量,以全省 140 亿 m³ 为控制进行同比例缩放,以求得各地市工业用水量。

从两种方法的预测成果看,差别较大的区域主要在武汉市,其他各地市基本接近。因武汉市近些年大量发展电子信息、生物科技等高新技术产业,大力推行节水措施,基本实现了工业用水量零增长,造成方法二预测成果偏低。为保证武汉市未来 5 年的经济发展的后劲,采用方法一分配成果。

3. 生态用水量

根据湖北省水资源综合规划 2010 年和 2020 年成果内插得到。

4. 农业用水量

根据湖北省水资源综合规划 2010 年和 2020 年成果为基础进行调整。

四、2020 年、2030 年用水总量控制指标分解

1. 生活、生态用水量

采用湖北省水资源综合规划 2020 年和 2030 年预测成果。

2. 工业(二产＋三产)用水量

根据国家发改委宏观经济研究院预测的 2020 年和 2030 年长期经济增长指标,以及用水效率指标,如湖北省万元工业增加值用水量下降目标,预测 2020 年和 2030 年的工业用水量。

3. 农业用水量

湖北省作为全国的粮食主产区之一,农业用水分配结合国家粮食安全和湖北省的灌溉发展规划,以水资源综合规划成果为基础进行调整。

五、用水总量分配方案成果

湖北省分地市 2015 年、2020 年、2030 年用水量预测成果见表 2-5-2 至表 2-5-6。湖北省分地市 2015 年、2020 年、2030 年用水总量分配方案见表 2-5-7 至表 2-5-9。

表 2-5-2　　　　湖北省各地市生活用水量预测成果汇总表　　　　(单位:亿 m³)

地市	水资源公报 2010 年	预测 2015 年	预测 2020 年	预测 2030 年
武汉市	6.73	7.20	7.60	8.22
黄石市	1.44	1.60	1.63	1.71
襄阳市	3.26	3.42	3.68	3.95
荆州市	3.05	3.46	3.58	3.91
宜昌市	2.37	2.47	2.67	2.89

续表

地市	水资源公报2010年	预测2015年	预测2020年	预测2030年
十堰市	1.68	1.78	1.89	2.03
孝感市	2.23	2.60	2.66	2.98
黄冈市	2.92	3.40	3.51	4.04
鄂州市	0.74	0.80	0.85	0.91
荆门市	1.53	1.63	1.66	1.86
仙桃市	0.75	0.83	0.84	0.93
天门市	0.68	0.88	0.89	1.00
潜江市	0.52	0.59	0.62	0.70
随州市	1.13	1.27	1.30	1.47
咸宁市	1.79	1.90	2.02	2.05
恩施州	1.74	1.86	1.92	2.16
神农架林区	0.04	0.05	0.06	0.07
全省	32.6	35.74	37.38	40.88

表2-5-3　　　　湖北省各地市工业(二产+三产)用水量预测成果汇总表(方法一)　　(单位:亿m³)

地市	水资源公报2010年	预测2015年	预测2020年	预测2030年
武汉市	19.88	26.95	29.89	30.82
黄石市	10.62	11.20	12.42	12.81
襄阳市	18.45	20.46	22.70	23.40
荆州市	7.61	8.82	9.78	10.08
宜昌市	8.19	10.87	12.05	12.42
十堰市	5.14	5.71	6.33	6.52
孝感市	11.4	10.19	11.31	11.66
黄冈市	6.68	8.43	9.35	9.64
鄂州市	6.32	6.83	7.57	7.81
荆门市	8.23	8.43	9.35	9.64
仙桃市	3.62	3.77	4.18	4.31
天门市	2.04	3.23	3.59	3.70
潜江市	3.31	3.59	3.98	4.10
随州市	2.61	3.38	3.75	3.86
咸宁市	5.71	6.04	6.70	6.90
恩施州	1.46	1.96	2.18	2.25
神农架林区	0.21	0.13	0.14	0.15
全省	121.48	139.99	155.3	160.1

表 2-5-4　　　　　　　　　　湖北省各地市农业用水量预测成果汇总表　　　　　　（单位：亿 m³）

地市	水资源公报近5年平均	水资源规划成果(2030)	预测2015年	预测2020年	预测2030年
武汉市	12.75	21.48	7.56	9.19	8.92
黄石市	3.87	5.33	4.07	3.81	3.38
襄阳市	13.72	24.23	11.60	14.96	14.59
荆州市	25.23	35.76	23.86	28.15	27.49
宜昌市	4.24	11.21	3.58	5.32	5.56
十堰市	4.44	3.01	3.21	4.10	4.25
孝感市	12.69	20.63	14.57	18.82	18.39
黄冈市	18.68	28.35	18.51	22.82	21.36
鄂州市	2.14	3.39	2.71	2.62	2.49
荆门市	11.32	19.14	12.82	16.70	16.09
仙桃市	5.53	8.33	6.26	8.07	7.38
天门市	5.36	9.06	5.82	7.39	6.97
潜江市	2.23	4.03	2.93	3.83	3.69
随州市	5.75	10.87	6.15	7.95	7.71
咸宁市	9.51	9.54	7.76	7.57	7.06
恩施州	1.47	3.08	1.95	2.68	2.73
神农架林区	0.06	0.02	0.20	0.32	0.34
全省	138.99	217.46	133.56	164.30	158.40

表 2-5-5　　　　　　　　　　湖北省各地市生态用水量预测成果汇总表　　　　　　（单位：亿 m³）

地市	预测2015年	预测2020年	预测2030年
武汉市	4.162	6.593	6.698
黄石市	0.276	0.283	0.329
襄阳市	0.155	0.173	0.213
荆州市	0.209	0.222	0.268
宜昌市	0.111	0.126	0.166
十堰市	0.074	0.084	0.107
孝感市	0.102	0.116	0.142
黄冈市	0.190	0.212	0.277
鄂州市	0.082	0.084	0.096
荆门市	0.238	0.404	0.473
仙桃市	0.031	0.034	0.042

地市	预测 2015 年	预测 2020 年	预测 2030 年
天门市	0.064	0.103	0.122
潜江市	0.034	0.045	0.052
随州市	0.057	0.064	0.078
咸宁市	0.216	0.377	0.444
恩施州	0.043	0.053	0.067
神农架林区	0.002	0.002	0.002
全省	6.044	8.973	9.578

表 2-5-6　　　　　　　湖北省各地市总用水量预测成果汇总表　　　　（单位:亿 m³）

地市	水资源公报 2010 年	水资源规划 成果 2015	预测 2015 年	预测 2020 年	预测 2030 年
武汉市	39.3	65.9	45.87	53.28	54.65
黄石市	16.2	15.7	17.15	18.15	18.23
襄阳市	33.3	47.5	35.63	41.51	42.15
荆州市	35.8	52.5	36.35	41.73	41.74
宜昌市	15.4	24.4	17.02	20.17	21.04
十堰市	11.0	8.25	10.77	12.40	12.92
孝感市	27.2	36.1	27.47	32.91	33.17
黄冈市	29.1	46.3	30.53	35.89	35.31
鄂州市	9.5	8.44	10.41	11.12	11.30
荆门市	21.4	30.4	23.12	28.11	28.06
仙桃市	9.5	14.6	10.89	13.12	12.66
天门市	8.5	14.7	9.99	11.98	11.79
潜江市	6.3	7.95	7.14	8.48	8.54
随州市	9.4	15.8	10.86	13.06	13.12
咸宁市	15.6	16.8	15.91	16.66	16.45
恩施州	4.7	6.291	5.82	6.83	7.20
神农架林区	0.3	0.097	0.38	0.52	0.56
全省	292.4	441.8	315.31	365.91	368.90

表 2-5-7　　　　　　　　　　　　2015 年湖北省用水总量分配成果表

地市		生活	生态	工业	农业	小计
全省合计	用水总量(亿 m³)	35.72	6.04	139.99	133.55	315.30
	各行业占比(%)	11.3	1.9	44.4	42.4	100.0
武汉市	用水总量(亿 m³)	7.20	4.16	26.95	7.56	45.87
	各行业占比(%)	15.7	9.1	58.8	16.5	100.0
黄石市	用水总量(亿 m³)	1.60	0.28	11.20	4.07	17.15
	各行业占比(%)	9.3	1.6	65.3	23.8	100.0
十堰市	用水总量(亿 m³)	1.78	0.07	5.71	3.21	10.77
	各行业占比(%)	16.5	0.7	53.0	29.8	100.0
宜昌市	用水总量(亿 m³)	2.47	0.11	10.87	3.58	17.03
	各行业占比(%)	14.5	0.7	63.8	21.0	100.0
襄阳市	用水总量(亿 m³)	3.42	0.15	20.46	11.60	35.63
	各行业占比(%)	9.6	0.4	57.4	32.6	100.0
鄂州市	用水总量(亿 m³)	0.80	0.08	6.83	2.71	10.42
	各行业占比(%)	7.6	0.8	65.6	26.0	100.0
荆门市	用水总量(亿 m³)	1.63	0.24	8.43	12.82	23.12
	各行业占比(%)	7.1	1.0	36.5	55.4	100.0
孝感市	用水总量(亿 m³)	2.60	0.10	10.19	14.57	27.46
	各行业占比(%)	9.5	0.4	37.1	53.1	100.0
荆州市	用水总量(亿 m³)	3.46	0.21	8.82	23.86	36.35
	各行业占比(%)	9.5	0.6	24.3	65.6	100.0
黄冈市	用水总量(亿 m³)	3.40	0.19	8.43	18.51	30.53
	各行业占比(%)	11.1	0.6	27.6	60.6	100.0
咸宁市	用水总量(亿 m³)	1.90	0.22	6.04	7.76	15.92
	各行业占比(%)	11.9	1.4	37.9	48.8	100.0
随州市	用水总量(亿 m³)	1.27	0.06	3.38	6.15	10.86
	各行业占比(%)	11.7	0.5	31.1	56.6	100.0
恩施州	用水总量(亿 m³)	1.86	0.04	1.96	1.95	5.81
	各行业占比(%)	32.0	0.7	33.8	33.5	100.0
仙桃市	用水总量(亿 m³)	0.83	0.03	3.77	6.26	10.89
	各行业占比(%)	7.6	0.3	34.6	57.5	100.0
天门市	用水总量(亿 m³)	0.88	0.06	3.23	5.82	9.99
	各行业占比(%)	8.8	0.6	32.4	58.2	100.0

续表

地市		生活	生态	工业	农业	小计
潜江市	用水总量（亿 m³）	0.59	0.03	3.59	2.93	7.14
	各行业占比（%）	8.2	0.5	50.2	41.1	100.0
神农架林区	用水总量（亿 m³）	0.05	0.00	0.13	0.20	0.38
	各行业占比（%）	12.5	0.4	34.6	52.5	100.0

表 2-5-8　　　　　　　　　　　　2020 年湖北省用水总量分配成果表

地市		生活	生态	工业	农业	小计
全省合计	用水总量（亿 m³）	37.37	8.97	155.25	164.31	365.90
	各行业占比（%）	10.2	2.5	42.4	44.9	100.0
武汉市	用水总量（亿 m³）	7.60	6.59	29.89	9.19	53.27
	各行业占比（%）	14.3	12.4	56.1	17.3	100.0
黄石市	用水总量（亿 m³）	1.63	0.28	12.42	3.81	18.14
	各行业占比（%）	9.0	1.6	68.5	21.0	100.0
十堰市	用水总量（亿 m³）	1.89	0.08	6.33	4.10	12.40
	各行业占比（%）	15.2	0.7	51.0	33.1	100.0
宜昌市	用水总量（亿 m³）	2.67	0.13	12.05	5.32	20.17
	各行业占比（%）	13.3	0.6	59.7	26.4	100.0
襄阳市	用水总量（亿 m³）	3.68	0.17	22.70	14.96	41.51
	各行业占比（%）	8.9	0.4	54.7	36.0	100.0
鄂州市	用水总量（亿 m³）	0.85	0.08	7.57	2.62	11.12
	各行业占比（%）	7.6	0.8	68.1	23.6	100.0
荆门市	用水总量（亿 m³）	1.66	0.40	9.35	16.70	28.11
	各行业占比（%）	5.9	1.4	33.3	59.4	100.0
孝感市	用水总量（亿 m³）	2.66	0.12	11.31	18.82	32.91
	各行业占比（%）	8.1	0.4	34.4	57.2	100.0
荆州市	用水总量（亿 m³）	3.58	0.22	9.78	28.15	41.73
	各行业占比（%）	8.6	0.5	23.4	67.5	100.0
黄冈市	用水总量（亿 m³）	3.51	0.21	9.35	22.82	35.89
	各行业占比（%）	9.8	0.6	26.1	63.6	100.0
咸宁市	用水总量（亿 m³）	2.02	0.38	6.70	7.57	16.67
	各行业占比（%）	12.1	2.3	40.2	45.4	100.0
随州市	用水总量（亿 m³）	1.30	0.06	3.75	7.95	13.06
	各行业占比（%）	10.0	0.5	28.7	60.9	100.0

地市		生活	生态	工业	农业	小计
恩施州	用水总量(亿 m³)	1.92	0.05	2.18	2.68	6.83
	各行业占比(%)	28.1	0.8	31.9	39.2	100.0
仙桃市	用水总量(亿 m³)	0.84	0.03	4.18	8.07	13.12
	各行业占比(%)	6.4	0.3	31.9	61.5	100.0
天门市	用水总量(亿 m³)	0.89	0.10	3.59	7.39	11.97
	各行业占比(%)	7.5	0.9	30.0	61.7	100.0
潜江市	用水总量(亿 m³)	0.62	0.04	3.98	3.83	8.47
	各行业占比(%)	7.3	0.5	46.9	45.2	100.0
神农架林区	用水总量(亿 m³)	0.06	0.00	0.14	0.32	0.52
	各行业占比(%)	10.8	0.3	27.9	61.0	100.0

表 2-5-9 2030 年湖北省用水总量分配成果表

地市		生活	生态	工业	农业	小计
全省合计	用水总量(亿 m³)	40.88	9.58	160.06	158.38	368.90
	各行业占比(%)	11.1	2.6	43.4	42.9	100.0
武汉市	用水总量(亿 m³)	8.22	6.70	30.82	8.92	54.66
	各行业占比(%)	15.0	12.3	56.4	16.3	100.0
黄石市	用水总量(亿 m³)	1.71	0.33	12.81	3.38	18.23
	各行业占比(%)	9.4	1.8	70.3	18.5	100.0
十堰市	用水总量(亿 m³)	2.03	0.11	6.52	4.25	12.91
	各行业占比(%)	15.7	0.8	50.5	32.9	100.0
宜昌市	用水总量(亿 m³)	2.89	0.17	12.42	5.56	21.04
	各行业占比(%)	13.8	0.8	59.0	26.4	100.0
襄阳市	用水总量(亿 m³)	3.95	0.21	23.40	14.59	42.15
	各行业占比(%)	9.4	0.5	55.5	34.6	100.0
鄂州市	用水总量(亿 m³)	0.91	0.10	7.81	2.49	11.31
	各行业占比(%)	8.0	0.8	69.1	22.1	100.0
荆门市	用水总量(亿 m³)	1.86	0.47	9.64	16.09	28.06
	各行业占比(%)	6.6	1.7	34.3	57.3	100.0
孝感市	用水总量(亿 m³)	2.98	0.14	11.66	18.39	33.17
	各行业占比(%)	9.0	0.4	35.1	55.5	100.0
荆州市	用水总量(亿 m³)	3.91	0.27	10.08	27.49	41.75
	各行业占比(%)	9.4	0.6	24.1	65.8	100.0

地市		生活	生态	工业	农业	小计
黄冈市	用水总量（亿 m³）	4.04	0.28	9.64	21.36	35.32
	各行业占比（%）	11.4	0.8	27.3	60.5	100.0
咸宁市	用水总量（亿 m³）	2.05	0.44	6.90	7.06	16.45
	各行业占比（%）	12.5	2.7	42.0	42.9	100.0
随州市	用水总量（亿 m³）	1.47	0.08	3.86	7.71	13.12
	各行业占比（%）	11.2	0.6	29.4	58.8	100.0
恩施州	用水总量（亿 m³）	2.16	0.07	2.25	2.73	7.21
	各行业占比（%）	30.0	0.9	31.2	37.9	100.0
仙桃市	用水总量（亿 m³）	0.93	0.04	4.31	7.38	12.66
	各行业占比（%）	7.3	0.3	34.1	58.3	100.0
天门市	用水总量（亿 m³）	1.00	0.12	3.70	6.97	11.79
	各行业占比（%）	8.5	1.0	31.4	59.1	100.0
潜江市	用水总量（亿 m³）	0.70	0.05	4.10	3.69	8.54
	各行业占比（%）	8.2	0.6	48.1	43.2	100.0
神农架林区	用水总量（亿 m³）	0.07	0.00	0.15	0.34	0.56
	各行业占比（%）	11.9	0.4	26.5	61.2	100.0

六、2019 年湖北省用水总量控制管理情况

1. 用水总量控制目标完成情况

据初步估算，2019 年湖北省用水总量为 302.56 亿 m³，低于 355.83 亿 m³ 的年度控制目标，目标完成。

2. 制度建设和措施落实情况

（1）国家节水行动方案落实情况

省级落实国家节水行动方案情况，包括组织推动、任务落实、跟踪督导等情况。全省高度重视国家节水行动，将实施国家节水行动纳入《湖北省全面深化改革 2018—2022 年行动计划》，省委将推动节水型社会和节水型城市建设作为 2019 年省委常委会重点工作。2019年 9 月 26 日，湖北省水利厅联合省发改委印发了《湖北省节水行动实施方案》，明确了湖北省节水工作的三大阶段性目标，五大重点行动和体制机制改革两方面举措，共 22 项具体任务，成为当前和今后一个时期湖北省节水工作的纲领性文件。

（2）建立省级节约用水工作协调机制情况

包括机制建立情况，协调解决节水工作中的重大问题情况。为保障各项节水措施有效落实，省水利厅依照国家节水行动方案有关要求，加强与各省直部门联系沟通，联合开展了

《湖北省节水行动实施方案》起草,灌溉用水定额制定,节水型企业、公共机构单位、高校创建,节约用水条例立法,节水宣传等工作。同时召开全省节水工作会议,将各项目标任务的省直部门分工进行明确,并就贯彻落实方案进行安排部署;举办全省节水培训班,在各市(州)水利系统宣贯方案,为建立省、市两级节约用水工作协调机制创造条件。

3. 用水强度控制实施情况

(1)用水强度控制落实情况

包括省、市、县三级行政区域用水强度控制指标体系分解及执行情况。省水利厅联合省发改委印发《湖北省贯彻落实〈"十三五"水资源消耗总量和强度双控行动方案实施方案〉》,将水资源消耗总量和强度指标分解到 17 个市(州),各市(州)依据实施方案要求,迅速行动,将相应指标全部分解到县级行政区;2019 年 4 月,在双控行动方案的基础上,省水利厅将"三条红线"各项控制指标细化分解到 2018 年度和 2019 年度,促进地方年度考核任务进一步明确。各市(州)严格按照用水强度控制指标实行计划用水管理,提升用水效率,年度考核目标圆满完成。

(2)计划用水管理情况

包括用水户用水计划下达及执行情况。按照《计划用水管理办法》,组织全省开展年度取用水计划管理工作,于 2018 年年底对武汉祥龙电业股份有限公司等 58 家省管取水户和华能武汉发电有限责任公司等 50 家委管河道外取水户下达了 2019 年度取水计划,各市(州)按照审批权限开展了辖区内取水计划编制、下达、执行等工作。2019 年 12 月,省水利厅印发《关于加强计划用水工作的通知》,将 136 家纳入取水许可管理的取用水单位列入计划用水管理对象,并积极推进国家、省、市三级重点监控用水单位建立工作,目前已完成 80 处国家级重点监控用水户复核工作。

(3)城市公共供水管网漏损率下降情况

省住建厅积极建立以老旧供水管网改造、供水管网分区计量、供水管网压力优化调控等工程项目为主的漏损控制项目库,预计投资 148.63 亿元,切实提高全省城市公共供水管网漏损控制能力,降低管网漏损率。同时按照自愿申报、专家考核、省住建厅核准的原则,确定武汉市、荆门市为供水管网分区计量管理控制漏损省级试点,开展供水管网分区计量管理,目前两市管网漏损管控体系已初见雏形,漏损控制工作取得明显成效。针对漏损率未达目标的城市制定具体整改方案和计划,2019 年全省 36 个城市中,公共供水管网控制在 12% 以内的城市达到了 26 个,达标比例为 72.2%,漏损率为 2%。

(4)非常规水源利用情况

包括非常规水源开发利用,非常规水源纳入水资源统一配置,当年非常规水源利用量较上年增加或占当年用水总量比例情况。2019 年全省实现 647 个乡镇污水处理厂建设全覆盖,并于 6 月底前全部开展试运行,各市(州)通过合理布局污水处理和再生利用设施,提高污水处理尾水利用率,在工业生产、城市绿化、道路清扫、车辆冲洗、建筑施工及生态景观等领域优先使用再生水,使非常规水源利用率逐步提高。依据住建部"城镇污水处理信息系统"初步统计,2019 年全省再生水利用总量预计达到 7500 万 t,与 2018 年相比,全省非常规水利用量进一步提升。

4. 水量分配与调度情况

（1）江河流域水量分配情况

包括已批复的跨省重要江河流域水量分配方案分解落实情况;本行政区域跨地(市、县)河流水量分配工作情况。根据水利部有关要求,省水利厅印发《关于加快开展江河流域水量分配工作的通知》,组织召开了汉江流域水量分配方案审查会,将汉江流域在湖北省境内水量进一步细化分解到十堰、襄阳、荆门等 10 个地市,同时启动全省 16 条跨市(州)河流水量分配方案编制工作,其中清江水量分配方案已报请省政府同意并印发,府澴河、汉北河、沮漳河、富水、举水等 5 条重要河流已完成方案审查。除省级开展的跨市(州)河流水量分配外,宜昌、襄阳、十堰、武汉等地市按属地管理、分级负责的原则,相应地对黄柏河、天池河、玛瑙河、渔洋河、清河、滚河、北河、蛮河、堵河等河流开展了跨县(市、区)河流水量分配。

（2）水量调度措施落实情况

包括已批复的跨省重要江河流域和跨流域调水工程水量调度方案、年度水量调度计划执行情况,以及确立的管理措施落实情况;无跨省重要江河流域和跨流域调水工程调度的省(自治区、直辖市),考核辖区内江河流域或重大调水工程水量调度情况。省水利厅积极配合水利部、长江水利委员会开展南水北调中线一期工程、汉江、乌江等跨省河流年度水量调度工作。按时向水利部报送《南水北调中线一期工程 2018—2019 年度湖北省水量调度计划实施总结》。严格执行并强化落实长江水利委员会汉江流域、乌江流域水量调度计划,编制完成《湖北省水利厅关于汉江流域 2019—2020 年度湖北省用水计划建议的报告》《湖北省水利厅关于乌江流域 2019—2020 年度用水计划建议的报告》。

5. 用水总量管理情况

（1）规划审批决策落实"四定"情况

包括 2019 年省级政府及有关部门审批的相关规划开展规划水资源论证、符合"四定"要求情况。省水利厅印发《关于开展规划水资源论证工作的通知》,进一步加强对市县规划水资源论证工作指导。2019 年襄阳市、荆州市、孝感市、天门市、潜江市等地市分别批复了工业园区、经济开发区等区域规划水资源论证,明确用水总量、确定生态承载力、实施水资源动态管理,体现了"四定"的城市发展思路。

（2）用水总量控制措施落实情况

包括用水总量控制指标分解落实到流域和水源情况,超用水总量控制指标或水资源过度开发地区取水许可限批措施落实情况。结合用水总量控制指标,全省加快开展江河流域水量分配,对于多流域、多水源取水的市(州),行政区域用水总量将随着水量分配工作的开展逐步分解落实到相关流域和水源。2019 年,已将恩施州、宜昌市的相关水量分解至清江流域。各市(州)严格落实取水许可禁(限)批规定和要求,依法规范取水许可审批管理,实现取用水源头刚性管控。

6. 水价改革与水资源有偿使用情况

(1)农业水价综合改革情况

包括累计改革任务完成情况、年度改革计划面积实施情况、年度新增改革实施面积改革措施落实情况。省发改委、省财政厅、省水利厅、省农业农村厅联合印发农业水价综合改革2019年度实施计划,确定了200万亩的年度改革任务。截至2019年12月底,全省共完成年度改革面积273万亩,累计完成改革面积642.88万亩。全省不断完善供水计量设施配套,各地依托大中型灌区节水改造项目,在改造各级渠系的基础上,累计投入12860万元,安装计量设施2008处,灌区用水计量面积比例实现大幅提升,为农业水价综合改革提供了工程支撑。同时,全省40个大型灌区、115个重点中型灌区开展了供水成本核算,提出了反映灌区运行维护成本的建议水价,形成了国管工程政府部门定价,群管工程民主协商定价的农业水价定价机制。目前,全省灌区国有骨干工程平均执行供水价格0.05元/m³,末级渠系平均执行供水价格0.043元/m³。

(2)水资源税费改革及管理情况

包括水资源税费改革试点地区工作任务完成情况;非税改地区,按照《国家发展改革委 财政部 水利部关于水资源费征收标准有关问题的通知》要求,本辖区水资源费征收标准调整情况。结合全省水资源状况和经济社会发展的实际,省物价局、省财政厅、省水利厅联合印发了《关于调整水力发电和工业生产水资源费征收标准的通知》,对2009年制定的水资源费征收标准进行了部分调整,水力发电用水水资源费征收标准由0.003元/(kW·h)调整到0.005元/(kW·h),工业用水由0.1元/m³调整到0.15元/m³。

(3)水资源费(税)按标准足额征收情况

省水利厅严格按照湖北省政府第387号令,做好水资源费征收核定工作,定期深入取水现场,依法开展执法勘验,实地检查取水计量设施,核查实际取水量、发电量,如实核定应征数额。同时组织各级水利部门对全省水资源费征收管理进行稽查,以征管政策、征收程序、资金管理为重点,通过现场核查资料、取水单位抽查等方式,及时发现和规范水资源费征收行为。截至2019年12月底,全省共征收水资源费5.47亿元,其中省级水资源费3.68亿元,按征收标准做到了应收尽收。

7. 地下水管理情况

全国地下水保护与利用规划实施情况(除北京、天津、河北、山西、河南、山东以外的省级行政区)。包括规划目标细化、主要任务和措施落实情况及成效。全省积极开展地下水动态监测,共建成并投入使用地下水监测站215个。2019年对已建成的全部地下水监测站进行了运行维护,包括每日水位、埋深及水温等要素监测,监测设施看护、监测设备校测、通信及设备维护,并对其中122个国家地下水监测站进行常规水质监测。各地加强顶层设计,积极推进地下水管理与保护,黄冈市、咸宁市、黄石市、荆门市等地市相继出台了《地热资源管理办法》《地下水管理办法》《地热资源管理条例》等相关法律法规,孝感市印发了《孝感城区关闭非工业自备井工作实施方案》,采取先通后关、先机关后企业、先易后难、分期分批实施的推进策略,全面推进城区非工业自备井关闭,进一步规范了中心城区地下水管理秩序。

8. 生态流量(水量)管控情况

重要河湖生态流量(水量)管控情况。包括开展省内重要河湖生态流量(水量)确定,管控责任分解、水量调度、监测预警、管控目标落实等情况;中央生态环保督察发现问题整改落实情况。省水利厅积极开展重要河湖生态流量水量保障,印发了《关于加强水工程生态基流泄放管理工作的通知》,指导各地确定泄放标准、细化保障方案。建立了"1331"生态流量管理制度,分两批建立约1000个水工程生态流量重点监管名录。分4批次对全省9个流域59个水工程进行了生态流量泄放暗访,暗访发现的问题通报相关市州并督促整改。全年共泄放生态流量约60亿 m³。协调长江水利委员会调度三峡工程、丹江口水库,加大长江、汉江过境水量,为抗旱和生态用水提供水源保障。加强引江济汉调度,补充工程沿线和汉江下游用水需求,全年共引水51亿 m³,其中补汉江下游34.7亿 m³。修编了《大型排涝泵站和主要湖泊控制运用意见》《四湖总干渠沿线涵闸水资源调度运用方案》,增加了生态流量管理目标。以通顺河为例开展了水利工程设施生态调度后评估分析。结合小水电清理整改印发了《湖北省小水电清理整改"一站一策"方案编制工作指导意见》,将生态流量泄放作为整改类水电站重要措施。

9. 河湖管理基础工作情况划定河湖管理范围情况

2018年底省政府印发了《湖北省河湖和水利工程划界确权工作方案》,省水利厅结合工作方案制定了技术指南。2019年4月发布了第3号省河湖长令,将划界确权作为示范创建评比"一票否决"事项,纳入省委对市(州)党委政府年度目标考核内容。截至2019年12月底,全省流域面积1000km² 以上河流、水面面积1km² 以上湖泊划界形象进度100%。其中,河流已全部完成划界公示9168.16km,湖泊已全部完成划界公示231个,年度河湖管理划界任务圆满完成。

七、湖北省用水总量控制管理成效和经验

湖北全面实施最严格水资源管理制度以来,认真贯彻落实中央和省委实行最严格水资源管理制度的有关文件精神,多措并举,推进最严格水资源管理制度的实施,取得了一系列新成效。2015年,全省全口径用水总量为296.90亿 m³;2020年全省用水总量294.21亿 m³,低于年度控制目标365.91亿 m³。实现了全省用水总量基本不增长或微增长,支撑了湖北经济的可持续发展。

1. 严格用水总量控制

严格规划管理和水资源论证,如2017年,省水利厅印发了《关于开展规划水资源论证工

作的通知》(鄂水利资函〔2017〕621号),组织开展了蕲春李时珍医药工业园区彭思化工园区、潜江工业园区等规划水资源论证和竹溪县、谷城县城市总体规划水资源论证。荆州市、孝感市、天门市等地分别批复了工业园区、经济开发区等区域规划水资源论证,明确用水总量、确定生态承载力、实施水资源动态管理,体现了"四定"的城市发展思路。严格控制区域取用水总量,明确了17个市、州、直管市和林区水资源管理"三条红线"指标并分解至所辖县(市、区)。

2. 严格取水许可管理

严格落实取水许可禁(限)批规定和有关要求,实现取用水源头刚性管控。规定建设项目取用水不得超过所在地的用水总量指标。严格实施取水许可,按照总量控制、定额管理、适度从紧的原则对每个取水申请事项严格把关,制定了加强农业取水许可管理工作方案,大型及重点中型灌区取水许可证发放和计量设施安装工作积极推进。组织了全省取水许可台账规范化建设,台账录入率100%、入库率99%。省管取用水户延续取水评估和换发取水许可证全面开展。近年来,湖北全面推广应用取水许可电子证照,研发了湖北省取水许可电子证照系统,实现与水利部电子证照系统、省政务平台电子印章系统的对接,并向江陵县金马水务有限公司、武汉祥龙电业股份有限公司发放了两张省级电子取水许可证。目前,省、市、县三级已具备取水许可电子证照发放能力,各级水行政主管部门将在开展线上制证的同时,加快历史取水许可证的存量转换。

3. 严格用水强度控制

省政府批准,省水利厅、省发改委联合印发了湖北省贯彻落实《"十三五"水资源消耗总量和强度双控行动方案》(鄂水利函〔2017〕80号),水资源消耗总量和强度指标已全部分解到各市(州)及所辖县级行政区。对58家省管取水户和50家委管河道外取水户下达了年度取水计划。各市(州)按审批权限组织开展了辖区内取水计划编制、下达及执行等工作。全省不断加强城镇管网改造和污水处理厂建设,积极推进供水管网分区计量,合理布局污水处理和再生利用设施,降低城市公共供水管网漏损率,提升再生水利用率。全省36个城市公共供水管网漏损率,控制在12%以内的达到了26个。

4. 严格江河水量分配

全省加快开展江河流域水量分配,行政区域用水总量将逐步分解落实到相关流域和水源。印发了《关于加快开展江河流域水量分配工作的通知》,组织各地按属地管理、分级负责的原则,加快开展全省跨市、县江河流域水量分配工作。除省级开展的20条跨市(州)河流水量分配外,宜昌、襄阳、十堰等地(市)也相应地对黄柏河、滚河、堵河等河流开展了跨县(市、区)河流水量分配。积极配合水利部、长江水利委员会开展了南水北调中线一期工程及汉江、乌江等跨省河流年度水量调度工作,并按水利部批准的年度计划强化落实。为解决鄂北地区生活、工业及农业用水严重短缺的问题,水利部、湖北省人民政府批复了《湖北省鄂北地区水资源配置工程规划》,基本同意襄阳市襄州区、枣阳市、随州市随县、曾都区、广水市、孝感市大悟县共 6 个受水区的水资源配置方案。编制了《湖北省汉江流域水资源配置规划》,对汉江流域水资源分行业配置进行了明确。

5.严格地下水管理

积极开展地下水动态监测,共建成并投入使用地下水监测站 215 个。对已建成的全部地下水监测站进行运行维护,并对其中 122 个国家地下水监测站进行常规水质监测。各地积极推进地下水管理与保护,黄石市、荆门市、咸宁市等地相继出台《地下水管理办法》《地热资源管理条例》等相关法律法规,孝感市印发了《孝感城区关闭非工业自备井工作实施方案》,全面推进城区非工业自备井关闭,进一步规范了中心城区地下水管理秩序。

6.严格水资源费征收

为发挥水资源费有效促进用水节水的积极作用,按《国家发展改革委 财政部 水利部关于水资源费征收标准有关问题的通知》要求,结合湖北实际,省物价局、省财政厅、省水利厅印发了《关于调整水力发电和工业生产水资源费征收标准的通知》,水力发电用水水资源费征收标准由 0.003 元/(kW·h)调整到 0.005 元/(kW·h),工业用水由 0.1 元/m³ 调整到 0.15 元/m³。同时,做好水资源费征收核定工作,定期深入取水现场,依法开展执法勘验,实地检查取水计量设施,核查实际取水量、发电量,如实核定应征数额,努力做到应收尽收,用经济手段减少用水需求。

7.严格水资源监控

监控能力建设项目在湖北省国控一期及省控项目建设成果的基础上,建设完成了国控二期(2016—2018 年)工业生活取用水监测点 53 个,农业灌区水位自动监测站 221 个,新建水源地水质监测站 19 个,信息接入 9 个;完成 220 个灌区监测站渠首水量率定;完善了湖北省水资源统一接收平台、湖北省水资源管理信息系统,开发了湖北水资源手机 APP。按照不同站点类型组织完成了资产整合移交,明确了管理责任主体;对国控一期和省控项目建设的 1259 个取用水户和 14 个水源地水质自动监测站实施了整改和运行维护,完善了基础信息,将数据综合上报水平从运维前的 80% 以下提高到 95% 以上,监测能力和数据质量均有较大提升。"十三五"实现对全省用水总量 50% 以上的在线监控目标;实现全省颁证许可水量的 85% 以上取用水量的在线监测;实现对全省供水人口 20 万以上的地表水饮用水水源地水质在线监测全覆盖;基本建成水资源监控体系,为实行最严格水资源管理制度和"三条红线"控制提供了有力的技术支撑。

八、水资源配置典型案例——鄂北地区水资源配置工程

1.工程概况

鄂北地区水资源配置工程是在不影响南水北调中线工程调水规模和过程的前提下,通过工程措施将《南水北调中线工程规划》中分配给湖北省的水量(11.07 亿 m³)以及少量的、

通过置换汉江中下游干流供水区水源调剂出来的水量(2.91亿m³)引调到唐西区、唐东区和随州府澴河北区、大悟澴水区进行水资源配置,解决鄂北地区水资源短缺问题,满足鄂北受水区生活、生产以及生态用水需求,促进鄂北地区经济社会可持续发展的战略性基础工程。

新中国成立以来,党和政府高度重视鄂北地区干旱缺水问题,组织修建了大量的蓄、引、提供水工程,当地水资源得到了较高程度的利用。丹江口水库修建后,从清泉沟引水建成了设计灌溉面积达210万亩的引丹灌区,极大改善了唐西地区的供用水条件。《南水北调中线工程规划》2010水平年为其配置6.28亿m³水量。目前正在分年度实施灌区续建配套与节水改造,故唐西地区水资源问题已基本或正在解决,该区不列入本工程范围。

鄂北工程的开发任务为:以城乡生活、工业供水和唐东地区农业供水为主,通过退还被城市挤占的农业灌溉和生态用水量,改善受水区的农业供水和生态环境用水条件。工程多年平均引水量7.70亿m³,渠首设计引水流量38m³/s。工程从丹江口水库清泉沟隧洞进口引水,输水线路全长269.672km,穿越襄阳市的老河口市、襄州区、枣阳市,随州市的随县、曾都区、广水市,孝感市的大悟县;主要建筑物由取水建筑物(新建取水竖井前)、明渠、暗涵、隧洞、倒虹吸、渡槽和节制闸、分水闸、检修闸、退水闸、放空闸阀、排洪建筑及王家冲扩建水库等组成,沿线公路桥、机耕桥恢复其功能。

2. 水资源配置方案

(1)受水区及唐西地区水资源配置

《南水北调中线工程规划》为汉江中下游配置水量165亿m³,为清泉沟配置水量11.07亿m³,合计配置给湖北省的总水量为176亿m³。本次水资源配置仍以176亿m³水量为总额度,将分配给湖北省的水量按新的需求调整配置布局,不影响南水北调中线工程。

经长系列联合调度计算,唐西引丹灌区多年平均引水量6.28亿m³,与《中线规划》近期2010水平年分配给引丹灌区的水量一致;鄂北受水区渠首设计流量38m³/s,多年平均引水量7.70亿m³,则清泉沟多年平均引水总量13.98亿m³,扣除《中线规划》已分配水量11.07亿m³,本次新增引水量2.91亿m³。鄂北受水区及唐西引丹灌区生活、工业供水保证率在95%以上,农业灌溉保证率72.1%~83.7%,满足规划目标要求。

鄂北受水区多年平均引水量7.70亿m³,通过总干渠及在线水库供水,分行业及地区的水量分配如下:按供水对象分,向城镇生活及第三产业供水2.41亿m³,占引水总量的31.3%;向工业供水3.33亿m³,占引水总量的43.2%;向农业供水1.96亿m³,主要在唐东地区,水量仅占总引水量的25.5%。按行政区分,襄阳市4.67亿m³,随州市7.69亿m³,孝感大悟县0.35亿m³。按水资源分区,唐东地区引水4.67亿m³,府澴河区引水3.03亿m³。

(2)汉江中下游水量调整及补偿措施

本工程总需新增引水量2.91亿m³,从《中线规划》配置给汉江中下游的165亿m³中进行调整,以不影响汉江中下游的河道内用水为前提,从河道外用水中调整。

根据汉江中下游干流用水区现有水源条件,鄂北受水区新增水量拟分别从兴隆以上河段和兴隆以下河段调整。

3.工程布置及建筑物

(1)工程等级和洪水标准

1)工程等别

鄂北地区水资源配置工程设计水平年总人口为481.8万,灌溉面积363.5万亩,多年平均引水量7.7亿 m^3 ,渠首设计流量38.0 m^3/s。该工程以城市供水为主,供水对象重要;渠首引水流量38 m^3/s,介于50～10 m^3/s之间;多年平均引水量7.7亿 m^3 ,介于10亿～3亿 m^3 之间,符合Ⅱ等的3个指标要求,确定本工程规模为Ⅱ等大(2)型。本阶段根据有关标准、规范,经复核确定本工程规模为Ⅱ等大(2)型。

2)建筑物级别及洪水标准

鄂北工程输水线路总长269.672km,沿程设计流量38.0～1.8 m^3/s。主要建筑物类型有取水建筑物、隧洞(含土洞)、倒虹吸、明渠、暗涵、渡槽、各类水闸(阀)、土石坝、溢洪道及跨渠交通桥等。

①根据《水利水电工程等级划分及洪水标准》(SL 252—2000)及输水建筑物流量规模,确定本工程引水渠首至随州先觉庙水库分水口(桩号207+490)之间的输水干渠设计流量大于10 m^3/s,取水建筑物、明渠、暗涵、隧洞、渡槽、倒虹吸及水闸等建筑物级别为2级,设计洪水标准均采用50年一遇,校核洪水标准采用200年一遇。其中,孟楼至七方倒虹吸中白河至唐河管段(桩号74+400～81+860)建筑物级别提高为1级,洪水标准不变。先觉庙水库分水口至王家冲水库段输水干渠设计流量小于10 m^3/s,明渠、暗涵、隧洞、渡槽、倒虹吸及水闸等建筑物级别为3级,设计洪水标准采用30年一遇,校核洪水标准采用100年一遇。

②王家冲水库主要建筑物级别为3级,设计洪水标准采用30年一遇,校核洪水标准采用300年一遇,消能防冲建筑物设计洪水标准采用20年一遇。

③输水干渠封江口水库进、出口节制闸设计洪水位与封江口水库的特征水位相协调,即启闭机工作平台高程按封江口水库100年一遇设计洪水位或2000年一遇校核洪水位加安全超高值,取大值确定。

④干渠末端王家冲水库入库节制闸设计洪水位与王家冲水库特征水位相协调,即启闭机工作平台高程按王家冲水库30年一遇设计洪水位或300年一遇校核洪水位加安全超高值,取大值确定。

⑤取水建筑物包括清泉沟隧洞进水闸及利用段、新建岔洞段、鄂北取水竖井。新建岔洞和鄂北取水竖井部分主要建筑物级别为2级,防洪标准按建筑物级别确定。

⑥坡面水排洪建筑物

排泄坡面水的排洪建筑物,根据《调水工程设计导则》(SL 430—2008)、《灌溉与排水渠系建筑物设计规范》(SL 482—2011)确定:与鄂北总干渠平行的排洪建筑物级别根据排洪流量确定为 4～5 级,洪水标准采用 10 年一遇;与鄂北总干渠立交的排洪建筑物与总干渠级别一致,2 级建筑物按 50 年一遇洪水设计、200 年一遇校核,3 级建筑物按 30 年一遇洪水设计、100 年一遇校核。

排洪建筑物一般按洪水不入渠设计。

⑦跨渠交通桥

本工程一般采用上跨或下穿立交跨越现有县道以上公路。跨渠交通便桥为等外级。

⑧穿越铁路、公路等既有基础设施的交叉建筑物的设计,除应符合水利行业标准外,还应满足相关行业设计标准的要求。

⑨封江口水库为在线调节水库,工程等别为Ⅱ等大(2)型,主要建筑物级别 2 级,设计洪水标准 100 年一遇,校核洪水标准 2000 年一遇。

(2)工程总布置

本工程线路从丹江口水库起,以清泉沟输水隧洞进口为起点,自西北向东南方向输水,先后穿越襄阳市的老河口市、襄州区、枣阳市,随州市的随县、曾都区、广水市以及孝感市的大悟县,终点为大悟县城附近的王家冲水库,线路总长度 269.672km。输水干渠设计流量 38.0～1.8m³/s,进口新建取水竖井后鄂北干渠渠首水位 147.7m,干渠终点水位 100.0m。

鄂北工程输水干渠主要建筑物:取水建筑物(新建取水井前)0.16km,占总长的 0.1%;明渠 53 段,长 24.005km,占总长的 8.9%(其中,梯形明渠 36 段、22.825km,矩形明渠 17 段、1.18km);暗涵 38 座,长 30.963km,占总长的 11.5%;隧洞 55 座,长 119.43km,占总长的 44.3%;倒虹吸 11 座,长 76.104km,占总长的 28.2%;渡槽 22 座,长 19.01km,占总长的 7.0%。节制闸 19 座,分水闸(阀)17(1)座,检修闸 11 座,退水闸 11 座,倒虹吸放空阀 16 处、检修阀组 2 处,扩建水库 1 座,排洪建筑物 20 处,公路桥、机耕桥恢复其功能等。

4. 设计概算

设计施工工期 45 个月,按 2015 年第二季度价格水平计算,工程总投资 1805719 万元,其中静态投资 1774635 万元,建设期贷款利息 31084 万元。

工程部分静态投资 1565474 万元,其中建筑工程费 1092734 万元,机电设备及安装工程费 49488 万元,金属结构设备及安装工程费 22490 万元,临时工程费 98998 万元,独立费用 150242 万元,基本预备费 113116 万元,跨唐河、北河管桥及铁路交叉工程投资 38406 万元。

建设征地补偿投资 151569 万元。

环境保护工程投资 35126 万元。

水土保持工程投资 22466 万元。

5. 经济评价

(1)国民经济评价

鄂北地区水资源配置工程静态总投资为 1774635 万元,剔除属于国民经济内部的转移支付税金等,国民经济评价投资为1710398万元。本工程的效益主要为向项目区提供生活、工业及农业用水效益。经测算,项目的经济内部收益率为8.56%,大于社会折现率8%,经济净现值77099万元,大于零,经济效益费用比1.05,大于1。敏感性分析成果表明,在投资增加10%、效益减少10%时,经济内部收益率虽小于8%,但大于公益性项目社会折现率6%,本项目具有一定的公益性,因此该项目仍具有一定的抗风险能力。

(2)财务评价

鄂北地区水资源配置工程具有明显的社会效益,是一个公益性基础设施项目。由于工程资金需求量较大,工程建设资金全部依靠政府财政投入的难度较大,工程的资金筹集应遵循"政府主导原则""坚持准市场运作,遵照保本、还贷、微利原则"。结合水价承受能力和贷款能力分析,本次推荐贷款本金占静态总投资的16.4%,资本金的83.6%。

本工程静态投资1774635万元,其中贷款本金291040万元,资本金1483595万元。经测算,建设期利息31084万元,流动资金2052万元,动态总投资1807770万元。其中,中央预算内投资定额补助585550万元,利用银行贷款322124万元(本金291040万元,建设期利息31084万元),其余900097万元由省财政负责筹措解决。与可研相比,中央补助不变,银行贷款本金减少了6668万元,省财政资金增加了19872万元。全部投资财务内部收益率为2.13%,资本金内部收益率为1.77%。设计水平年农业水价0.13元/m³,生活工业水价运行初期和设计水平年分别采用1.40元/m³和2.00元/m³,在受水区可承受范围内,资金筹措具有一定的可操作性。

图2-5-1至图2-5-3具体展现了鄂北地区水资源配套工程的风貌。

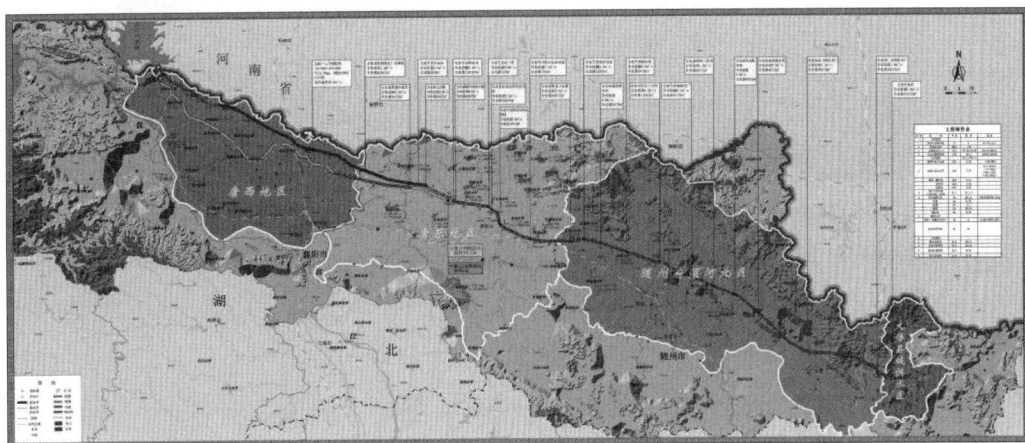

图2-5-1　鄂北地区水资源配套工程总平面布置图(鄂北工程管理局提供)

图 2-5-2　国内规模最大的矩形断面预制渡槽——鄂北工程孟楼渡槽
（摄影人：《湖北日报》全媒记者，柯皓）

图 2-5-3　2020 年 1 月 6 日，奔涌而来的丹江水，在随县封江口入库节制闸夺门而出，
流向鄂北水资源配置工程调蓄水库——封江口水库（摄影人：《湖北日报》，陈勇）

第三章　用水效率控制红线管理

《水法》第八条规定："国家厉行节约用水，大力推进节约用水措施，推广节约用水新技术、新工艺，发展节水型工业、农业和服务业，建立节水型社会。"节水的本质是不断提高用水效率。用水效率客观地反映了一个地区或企业提供单位产品和服务所耗费水资源量的高低，体现了该地区或企业经济发展、科技进步和用水管理水平。现实情况是：一些地方水资源利用方式粗放、节水管理工作薄弱、水的重复利用率低、浪费现象严重。为此，在实施最严格水资源管理制度中，提出了建立用水效率控制红线，制定区域、行业和用水产品的用水效率指标体系，改变粗放用水模式，加快推进节水型社会建设，遏制用水浪费。

第一节　用水效率控制的必要性

提高用水效率，既是政策法规要求，也是严峻的水资源形势的需要。

一、政策法规规定

党中央、全国人大、国务院高度重视节约用水工作，在一系列文件、报告和法律、法规中，对节约用水工作提出了明确要求，为划定用水效率控制红线、提高用水效率提供了依据。

1. 党中央要求

党的十八大报告提出："坚持节约资源和保护环境的基本国策，坚持节约优先、保护优先、自然恢复为主的方针，着力推进绿色发展、循环发展、低碳发展，形成节约资源和保护环境的空间格局、产业结构、生产方式、生活方式，从源头上扭转生态环境恶化趋势，为人民创造良好生产生活环境，为全球生态安全作出贡献。"这是党中央从国家战略全局和长远发展出发作出的重大部署，赋予全社会和广大水利工作者光荣而艰巨的任务。用水效率控制是节水型社会建设的重要内容，节水型社会建设又是"两型社会"建设的重要内容，用水效率控制不好，"两型社会"的目标就难以实现。

2. 全国人大要求

第十届全国人民代表大会第二次会议把"国家厉行节约，反对浪费"写入了国家的根本大法——《宪法》。根据《宪法》《水法》第八条规定了建立节水型社会的明确目标，并要求"各级人民政府应当采取措施,加强对节约用水的管理,建立节约用水技术开发推广体系,培育和发展节约用水产业。单位和个人有节约用水的义务",从制度上、源头上确立了节水型社会建设的法律地位。

我国的水资源供需面临非常严峻的形势,要求我们在水资源开发利用和加强节水管理方面有大的突破。由于今后开发难度越来越大、成本越来越高,而且可开发水资源量是有限的,相比而言,节水管理可以有效地缓解水资源的不足,减少废污水排放量,投入小,见效大。因此,《水法》在用水效率控制方面设计了多项制度。

(1)计量收费制度

用水计量,是促进用水户节约用水的一项非常重要的措施。用水只有计量,才能准确反映各用水户用水的多少。有了用水计量,还只是促进节约用水的第一步,还必须实行计量水费制度,也就是根据各用水户用水计量计收水费,实行计量收费,激励用水户通过节约用水、节约水费支出,达到以收费促节水的目的。

(2)超定额累进加价制度

为了激励各用水户进一步节约用水,需要制定各行各业和生活用水的用水定额,根据用水定额和各用水户的产品量和人口数,下达各用水户的用水总量,即用水计划,实行超定额累进加价制度,在定额以内的用水量,实行平价收费,超过定额以外的用水量,实行平价基础上累进加价收费。这样,一方面,能进一步促进各用水户节约用水,以减少自己的水费开支,达到节约用水的目的;另一方面,通过价格杠杆,促进用水权向高附加值用水户配置。

《水法》第五十三条规定:"新建、扩建、改建建设项目,应当制订节水措施方案,配套建设节水设施。节水设施应当与主体工程同时设计、同时施工、同时投产。"该法规定了所有的新建、扩建、改建建设项目,都要制订节水措施方案,包括工程措施,就是指配套建设节水设施。节水设施应当与主体工程同时设计、同时施工并同时投产运用。不能主体工程建成投入使用了,节水设施没有建成或者节水设施没有达到国家规定的要求。否则,要承担《水法》第七十一条规定的法律责任。

(3)落后工艺、设备和产品淘汰制度

目前,我国工业用水重复利用率仅有 40%,远低于发达国家 75%~85%的水平。我国工业用水的节水潜力很大。如果工业用水重复利用率提高到 60%,全国工业可节水几百亿立方米,相当于工业取水量的 42%。因此,要借鉴国外先进经验,调整产业结构,大力采用先进节水技术、工艺和设备,增加循环用水次数,提高水的重复利用率,以节约水资源。

为了尽快提高我国工业用水的重复利用率,《水法》专门规定了国家逐步淘汰落后的、耗水量高的工艺、设备和产品,具体名录由国务院经济综合主管部门会同国务院水行政主管部门和有关部门制定并公布。生产者、销售者或者生产经营中的使用者应当在规定的时间内停止生产、销售或者使用列入名录的工艺、设备和产品。这是法律对名录内落后的、耗水量高的工艺、设备和产品的生产者、销售者或者生产经营中的使用者的强制性规定,必须遵守,否则就要承担《水法》第六十八条规定的法律责任。本条的执法主体是县级以上人民政府经济综合主管部门。

（4）节水型生活用水器具推广制度

《水法》第五十二条规定："城市人民政府应当因地制宜采取有效措施，推广节水型生活用水器具，降低城市供水管网漏失率，提高生活用水效率。"落实这一制度，主要是推广节水型生活用水器具。我国城市供水管网和生活用水器具跑、冒、滴、漏水资源损失率高达20％，浪费水资源现象十分严重。为改变这种状况，必须加大节水型生活用水器具的推广力度。

3．国务院要求

2010年10月，国务院向各省、自治区、直辖市人民政府和发改委、国土资源部、环境保护部、住房和城乡建设部、水利部、农业部、林业局、气象局下发了《关于全国水资源综合规划（2010—2030年）的批复》（国函〔2010〕118号），提出了具体目标：到2030年，全国用水总量力争控制在7000亿 m^3 以内；万元GDP用水量、万元工业增加值用水量分别降低到70m^3、40m^3，均比2020年降低40％左右；农田灌溉水有效利用系数提高到0.6。

二、现实需要

当今世界各国普遍关注水危机问题，其中最突出的问题是干旱缺水。世界面临的人口、资源、环境三大问题中，水资源问题最为严峻。专家们认为，全球正进入一个水资源紧缺时代，水将成为未来人类面临的最严重的挑战之一。我国是世界上人均水资源紧缺的国家之一，人均占有的水资源只有2000多 m^3，不足世界人均水平的1/4。全国每年缺水近400亿 m^3，其中农村、农业缺水约300亿 m^3，城市、工业缺水约60亿 m^3。农村还有2400多万人饮水困难没有得到彻底解决；600多个城市中有400多个缺水，其中100多个城市严重缺水，约有1.5亿城市人口的日常生活因缺水而受到不同程度的影响。因此，厉行节约用水，建立节水型社会，提高用水效率就成为我国的一项基本国策。这是形势的需要，客观现实的需要，势在必行。

三、用水效率控制只考核工农业用水的原因

《水法》第八条规定的是"建立节水型社会"，包括工业、农业、商业、学校、社区，等等。国家为何在用水效率控制考核上只考核工业、农业用水呢？这是因为工业、农业用水占到总用水量的80％以上，把工业、农业用水效率管住了，就基本实现了对整个用水效率的控制。同时，对工农业以外的用水，还有总量控制等手段予以监管。因此，国家现阶段只将工农业用水效率纳入红线管理。

第二节　用水效率控制指标体系

提高用水效率，增强可持续发展能力，是我国水资源管理的核心目标。为实现这一核心

目标,就要建立用水效率控制红线,以此考核地方各级人民政府,推动提高用水管理水平,并通过用水定额管理等措施严格控制提供单位产品和服务的耗水量,促进全社会用水效率的提高。

用水效率控制指标分为监督考核指标和监测评价指标两级指标。监督考核指标用以考核各地节水管理工作,监测评价指标用以及时监测了解各地用水效率变化情况,督促各地加强节水管理工作。

一、监督考核指标及制定参考依据

监督考核指标包括万元工业增加值用水量、农田灌溉水有效利用系数,这是实行最严格水资源管理制度的核心指标。2015 年控制目标为:全国万元工业增加值用水量比现状下降 30% 以上,降低到 80m³ 以下。制定这一指标,考虑了两个因素:一是水资源综合规划确定的目标是,到 2020 年降到 65m³ 以下(按 2000 年可比价计算);二是参考国际先进水平,日本万元工业增加值用水量 2000 年仅为 17m³。

农田灌溉水有效利用系数,2015 年提高到 0.52 以上。制定这一指标,也考虑了两个因素:一是水资源综合规划确定的目标是,到 2020 年提高到 0.55;二是参考国际先进水平,以色列 2000 年农田灌溉水有效利用系数为 0.7~0.8。目前这一目标已基本实现。

二、监测评价指标及制定参考依据

监测评价指标包括综合用水监测评价指标、农业用水监测评价指标、工业用水监测评价指标和生活用水监测评价指标 4 类。

综合用水监测评价指标有万元 GDP 用水量;农业用水监测评价指标有农田亩均灌溉用水量;工业用水监测评价指标有工业用水重复利用率和火力发电、石油炼制、钢铁、纺织、化工、食品 7 大等高用水行业单位产品用水定额;生活用水监测评价指标有城市污水处理回用率、城市供水管网漏损率和城镇节水器具普及率。分述如下:

1. 综合用水监测评价指标

到 2015 年,万元 GDP 用水量比 2010 年下降 30% 以上,降低到 140m³ 以下。制定这一指标,考虑了两个因素:一是水资源综合规划确定的目标是,到 2020 年降到 120m³ 以下(按 2000 年可比价计算);二是参考国际先进水平,日本万元 GDP 用水量 2000 年仅为 23m³。

2. 农业用水监测评价指标

到 2015 年,全国农田亩均灌溉用水量降到 370m³ 以下(2008 年全国农田亩均灌溉用水量为 435m³)。

3. 工业用水监测评价指标

到 2015 年,规模以上工业企业(包括国有和国有控股工业企业,以及年产品销售收入在 500 万元以上的非国有工业企业)用水重复利用率提高到 90% 以上。制定这一指标,也参考了两个方面：一是根据《中国城乡建设统计年鉴》，2008 年工业企业用水重复利用率为 86.2%；二是参考国际先进水平，2000 年美国工业企业用水重复利用率为 94.5%。

在表 3-2-1 中，火力发电、石油炼制、钢铁、纺织、造纸、化工、食品七大高用水行业主要产品用水定额监测评价指标，部分数据依据全国"十一五"节水型社会建设规划、原国家经贸委发布的用水定额、行业协会发布的用水定额，参照"十一五"期间平均下降幅度进行测算。

表 3-2-1　　　　　　　　　　七大高用水行业主要产品用水定额

工业行业	单位	单位产品用水定额		
		2010 年	2015 年	2011—2015 年年均下降
火力发电(不计直流冷却用水)	m³/(万 kW·h)	28.00	19.60	1.68
原油加工(燃料型炼油厂)	m³/t	1.00	0.70	0.06
化工(复合肥)	m³/t	0.80	0.56	0.05
化工(合成氨)	m³/t	28.00	20.00	1.60
炼钢(普钢)	m³/t 钢	8.00	5.00	0.60
造纸(漂白化学木/竹浆)	m³/t	85.00	60.00	5.00
造纸(印刷书写)	m³/t	35.00	25.00	2.00
纺织(棉、麻、化纤及混纺机织物)	m³/100m	2.30	1.80	0.10
纺织(针织物及纱线)	m³/t	100.00	80.00	4.00
食品(啤酒生产)	m³/kL	7.00	4.50	0.50
食品(白酒生产)	m³/kL	40.00	35.00	1.00

4. 生活用水监测评价指标

2015 年实现全国城市污水处理回用率提高到 10% 以上。制定这一指标，具体参考了两个方面：一是 2007 年全国城市污水处理回用率为 7.6%；二是参考国际先进水平，日本 1995 年污水处理回用率为 77.9%。

2015 年实现城市供水管网漏损率控制在 13% 以下，城镇节水器具普及率达到 85% 以上。制定这一指标，主要参考了国际先进水平，2000 年美国城市供水管网漏损率控制 6% 以下，城镇节水器具普及率为 100%。这一目标基本实现。

三、重点用水监控单位的监测评价指标

国家确定的重点用水监控单位由 100 家大中型灌区、1000 家重点用水企业和 10000 家生活服务业用水单位构成。重点用水监控单位的监测评价指标有农田灌溉水有效利用系数、农田亩均灌溉用水量、工业用水重复利用率、单位产品用水定额、节水器具普及率等。

第三节　用水效率控制红线考评办法

国家对各省、自治区、直辖市用水效率的考核指标，只考核工业（万元工业增加值用水量）、农业（农田灌溉水有效利用系数），是基于工农业用水在总用水量中占的比重很大。例如：据《湖北省 2009 年度水资源公报》，2009 年，全省总供水量为 281.41 亿 m^3，其中，工业用水 100.82 亿 m^3，占总供水量的 35.8％（含火电用水量）；农业用水 149.44 亿 m^3，占总供水量的 53.1％；工农业用水量占总供水量的 88.9％。严重的水资源浪费不仅使有限的水资源利用更为紧张，而且也加剧了水环境的破坏和水质的污染。因此，抓好了工业农业用水效率控制，就基本抓好了全社会的用水效率控制。

一、工农业用水效率控制红线指标

国务院办公厅《实行最严格水资源管理制度考核办法》（国办发〔2013〕2 号）确定了各省、自治区、直辖市工业用水效率控制指标。

二、考评办法

积极推动建立和完善用水效率控制指标考核体系，把监督考核指标纳入地方政府和企业绩效考核体系，地方各级政府要对监督考核指标、监测评价指标和重点用水单位进行分级考核，进一步强化红线指标控制的监管。

1. 监督考核指标的监管

（1）考核对象

国务院考核各省（直辖市、自治区）人民政府；省人民政府考核市（州）人民政府；市、州人民政府考核县（市、区）人民政府。

（2）考核内容

主要针对万元工业增加值用水量、农田灌溉水有效利用系数的年度完成情况和节水措施落实情况进行考核。市、州对本行政区域内考核指标自行组织考核。

（3）考核办法

实行上级考核与自行考核相结合，考核指标要纳入同级人民政府考核体系，实行地方行政首长负责制。各市、州对本行政区域内考核指标自行组织考核。

（4）考核程序

国务院对各省（直辖市、自治区）的考核程序由水利部会同国家发改委、工业和信息化部、财政部等部门制定。

（5）奖惩措施

一是按节能减排考核要求，将考核指标的考核结果作为对市级人民政府领导班子和主要负责同志综合考核评价的重要依据,实行问责制;二是对完成和超额完成考核指标的市、州林区人民政府予以表彰奖励,省水利厅在安排该地区年度取水、建设项目审查、项目投资和落实"以奖代补"政策时优先考虑。对未完成考核指标的地区,应在评价考核结果公告后1个月内,提出限期整改措施,并报送省水利厅;建设项目新增取水要限制审批甚至停止审批,新增建设项目水资源论证审查时不予批准,已批准的建设项目不得再下达新的用水计划,新增建设项目不得核发取水许可。对考核工作中瞒报、谎报的地区,予以通报批评,有关部门对直接责任人员依法追究责任。

2.监测评价指标的监管

(1)评价对象

国务院考核省级人民政府,省人民政府考核各市、州人民政府;市、州人民政府考核县(市、区)人民政府。

(2)评价内容

主要针对万元GDP用水量、农田亩均灌溉用水量、工业用水重复利用率和高用水行业单位产品用水定额、城市污水处理回用率、城市供水管网漏损率和城镇节水器具普及率等监测评价指标年度目标完成情况和节水措施落实情况进行评价。

(3)评价办法

实行地方自查与上级抽查相结合,本级人民政府对本地区内监测评价指标完成情况自行组织评价。

(4)评价程序

一是确定当年监测评价指标年度目标分解任务,并对本地区内监测评价指标完成情况进行评价,于每年3月底前报上一级水行政主管部门;二是每年5月,上一级水行政主管部门发布上年落实最严格水资源管理制度年度通报,对各地用水效率监测评价指标等红线控制指标执行情况进行通报,供社会各界监督;三是上一级水行政主管部门将对各地上报的监测评价指标完成情况进行不定期抽查,抽查结果予以通报并作为落实奖惩措施的主要依据。

(5)奖惩措施

对完成和超额完成监测评价指标的地区,上级水行政主管部门在安排该地区年度取水、建设项目审查、项目投资和落实"以奖代补"政策时优先考虑。对未完成监测评价指标的市,应在评价考核结果公告后1个月内,提出限期整改工作措施,并抄送上一级水行政主管部门备案。上级水行政主管部门在年度监督通报中对该地区的建设项目新增取水要限制审批甚至停止审批,新增建设项目水资源论证审查时不予批准,已批准的建设项目不得再下达新的用水计划,新增建设项目不得核发取水许可。对考核工作中瞒报、谎报的地区,予以通报批评,有关部门对直接责任人员依法追究责任。

3.重点用水监控单位的监管

(1)监控对象

5家灌区管理单位、50家重点用水企业、500家生活服务业用水单位。

(2)监控内容

针对不同用水单位,对用水效率控制红线监督考核指标和监测评价指标的年度执行情况分别进行监控。

(3)监控办法

对于重点用水监控单位,根据取水许可审批权限,由市人民政府进行检查,检查结果报送省水利厅,省水利厅对重点用水监控单位的年度分解指标实现情况进行监测通报。

(4)监控程序

按照取水许可管理权限,5家灌区管理单位、50家重点用水企业、500家生活服务业用水单位有关考核指标和监测指标的检查,由市级水行政主管部门组织实施。灌区管理单位和重点用水企业、生活服务业用水单位于每年3月底前,向所属市级水行政主管部门提交上年度控制指标执行情况和节水措施落实情况自查报告,同时抄报省水行政主管部门。市级水行政主管部门对重点用水企业和生活服务业用水单位考核指标完成情况进行考核评价,并于每年5月底前将评价报告报送同级人民政府和上一级水行政主管部门。

(5)奖惩措施

对完成和超额完成监督考核指标和监测评价指标的灌区管理单位、重点用水企业和生活服务业用水单位,上一级水行政主管部门联合有关人民政府予以必要的表彰,并采取"以奖代补"形式支持节水改造工程和监测计量等管理能力建设。未完成考核指标和监测评价指标的重点用水单位,不得参加年度评奖。

第四节　节水与用水效率控制措施

生活用水、服务业用水相对于工业、农业用水,管理措施比较完善,计量设施比较完备,国家因此把用水效率控制的重心放在工业、农业用水上,但这并不等于生活用水、服务业用水、公共用水和施工用水就可以不加控制。据有关部门研究,每立方米生活饮用水,会产生0.7m³污水。

《水法》第八条规定:"建立节水型社会",节水型社会建设既包括工业、农业用水,也包括生活、服务业等方面用水。生活用水、服务业用水、公共用水和施工用水,存在的问题仍然较多。一是管网漏损,跑、冒、滴、漏突出,有关部门估计浪费损失约在20%;二是水价偏低,现行水价没有体现水的稀缺程度和水环境治理成本,导致用户用水大手大脚;三是有关制度未执行,如超定额累进加价制度等。

一、城镇生活用水

1. 推广节水技术

用户是愿意节约用水的,关键是要为其提供节水设施、工具或手段。因此,城镇生活节水要大力开发、推广使用生活节水设施和器具,提高城镇节水器具普及率。加大城镇供水系统改造和配套建设,努力降低管网漏失率。如推广楼房生活用水节水装置(包括生活用水进水总管和污水回水总管),提高水的综合利用。其节水流程是:顶层的面盆用水和洗澡用水的下端经水处理器连接中层的马桶用水;中层的面盆用水和洗澡用水的上端连接进水总管,下端经水处理器连接底层的马桶用水;底层的面盆用水和洗澡用水的上端连接进水总管;各层的马桶用水下端直接连接总回水管。利用水的高度差,由上层向下层供水冲洗马桶,充分节约水资源。

2. 加强定额管理

对城镇居民生活用水实行定额管理,由本级人民政府防汛抗旱指挥部划定供水紧张期,大力推广中水回用、一水多用。在供水紧张期,按每户 3.5 人计算,限定每户每月用水定额,定额内按标准水价收费,超过部分实行加价收费。

3. 开展"节水型社区""节水型单位"试点

选择具有代表性和示范性的社区、医院、学校、机关,开展节水型社会建设试点,通过试点,达到"制度完备、设施先进、用水高效"的目标,从而带动全社会节水工作的开展。

二、服务业用水

洗浴业已成为高耗水行业,据有关部门调查,公共浴池人均一次洗浴用水量为 0.3～0.5m³,对于一个日客流量为几百人的普通浴池来说,日用水量很大,洗浴业用水浪费惊人。我国洗浴业发展速度快、耗水量大,可以通过阶梯制价格和技术手段加以调控,促进洗浴业节水。同时,要加强对洗浴业、洗车的监管和引导,经营洗浴、洗车的单位或个人须到节水管理部门办理用水手续,严格控制地下取水,对未采取节水措施或未将节水设备投入使用的浴池、洗车场要责令限期整改,服务业用水要大力推广中水回用、一水多用。

三、公共用水和施工用水

公园、绿地等市政设施用水要安装节水龙头及节水灌溉设施,尽量使用中水、河塘水等替代自来水,加大中水等再生水的利用率,减少绿化对自来水的需求。

新建在建楼寓及附属绿地和花园必须同时安装节水灌溉设备。建筑施工需事先到节水管理部门办理临时用水手续,施工用水实际耗水量不得超过每平方米建筑面积 0.5m³,超过部分按规定实行累进加价。

四、节水管理制度

《水法》在用水效率控制方面主要设计了超定额累进加价制度、节水型生活用水器具推广制度、节水设施与主体工程"三同时"制度等，这些制度都是原则规定。各级水行政主管部门和用水单位，应结合本地本单位实际，制定较具体、操作性强的节水制度文本，并上墙、公示、执行，保障用水效率的落实。

1. 健全计划用水管理制度

建立健全用水指标管理、考核和调整机制，规范计划用水管理。

2. 完善用水定额管理制度

组织开展现状用水水平分析和重点行业水平衡测试，修订完善用水定额，建立用水定额动态管理体系，加强对建设项目水资源论证、取水许可审批、用水计划下达、节水水平评价等环节的用水定额管理。

3. 健全建设项目节水设施"三同时"制度

新建、改建、扩建的建设项目，要制定节水措施方案，进行节水评估，配套建设节水设施。

4. 建立用水效率标识管理制度

制定水龙头、坐便器等使用面广、影响力大的一系列用水效率限定值及用水效率等级强制性标准，推动实行用水效率标识管理标识。

5. 完善水价形成机制

完善居民用水超计划累进加价制度、居民生活用水阶梯式水价制度。

6. 强化重点用水单位节水监督管理

实施重点用水单位监控管理，推动重点用水单位提高用水效率。

第五节　湖北省用水效率控制管理实践

一、湖北省用水效率控制指标

根据《中共中央国务院关于加快水利改革发展的决定》（中发〔2011〕1 号）、《国务院关于全国水资源综合规划（2010—2030 年）的批复》（国函〔2010〕118 号）、《国务院关于实行最严格水资源管理制度的意见》（国发〔2012〕3 号）和《实施最严格水资源管理制度考核办法》（国发〔2013〕2 号）提出的目标要求，2030 年用水效率达到或接近世界先进水平，万元工业增加值用水量（2000 年不变价计）降低到 40m³ 以下，农田灌溉水利用系数提高到 0.6 以上。2015 年全国用水效率控制指标中，万元工业增加值用水量比 2010 年下降 30%，农田灌溉水利用系数提高到 0.530，按照水利部、国家发改委水资源〔2016〕378 号文《"十三五"水资源消耗总量和强度双控行动方案》的要求,2020 年全国用水效率指标中增加了一项:万元 GDP 用水量控制目标,具体目标为:万元 GDP 用水量控制目标比 2015 年下降 23%,万元工业增加值用水量比 2015 年下降 20%,农田灌溉水利用系数提高到 0.550,具体见表 3-5-1。

表 3-5-1　　　　　　　　　　全国用水效率控制目标表

年份	控制指标	国家控制目标
2015	万元 GDP 用水量	无
	万元工业增加值用水量	比 2010 年下降 30%
	农田灌溉水利用系数	0.530
2020	万元 GDP 用水量	比 2015 年下降 23%
	万元工业增加值用水量	比 2015 年下降 20%
	农田灌溉水利用系数	0.550

根据国家和流域委分配给湖北省的用水效率控制指标,2015 年、2020 年湖北省的用水效率控制指标见表 3-5-2。

表 3-5-2　　　　　　　　　　湖北省用水效率控制目标表

年份	控制指标	湖北省控制目标
2015	万元 GDP 用水量	无
	万元工业增加值用水量	比 2010 年下降 35%
	农田灌溉水利用系数	0.496
2020	万元 GDP 用水量	比 2015 年下降 30%
	万元工业增加值用水量	比 2015 年下降 30%
	农田灌溉水利用系数	0.524

根据国家和流域委分配给湖北省的用水效率控制指标,湖北省也将用水效率控制目标分解到全省 17 个市(州)。

二、湖北省用水效率目标分配依据、原则及方法

1. 各市(州)万元 GDP 用水量、万元工业增加值用水量

(1)依据

按照最严格水资源管理制度的要求,以《2015 年湖北省水资源公报》中全省各市(州)万元 GDP 用水量、万元工业增加值用水量为基础,按照国务院办公厅下达给湖北省 2020 年的完成目标要求,在 2015 年基础上分别下降 30%。

(2)原则

按照先紧后松的原则,"十三五"期间,各市(州)在 2015 年的基础上,分别下降 30%,年度分解目标在前一年度的基础上,分别下降 8.5%、8%、7%、6%、5%确定。

（3）方法

全省各地万元工业增加值用水量（火电折算）的折算，主要是对有些地方直流式火力发电的用水量进行了折算。根据水利部《水资源公报编制规程》的规定，折算方法是：直流式火力发电企业的用水量＝2000年火力发电用水量＋在2000年时火力发电用水量。在这个基础上，新增用水量部分按照5%的比例进行折算。

2．各市（州）农田灌溉水有效利用系数

（1）依据

《湖北省2015年农田灌溉水利用系数测算分析报告》（以下简称《分析报告》）、水利普查灌区清查成果（以下简称"清查成果"）。

（2）方法和步骤

1）2015年农田灌溉水有效利用系数

a．2015年分县农田灌溉水有效利用系数

以《分析报告》中样点灌区农田灌溉水有效利用系数和灌溉分区为基础，首先得到分县、分地市、各分区不同规模（小型、中型）、不同水源类型（自流和提水）的农田灌溉水有效利用系数（区域内无相应规模或者水源类型的样点灌区时，该值采用全省平均值）（以下简称"参照系数"）。

其次得到清查成果中各县、各灌区的灌溉水有效利用系数。如果样点灌区在清查成果中，可直接采用该系数；如果不在清查成果中，则分别采用相应的"参照系数"。

最后，根据各县、各灌区的有效灌溉面积加权平均得到该县的农田灌溉水有效利用系数，见表3-5-3。

表3-5-3　　　　　　　　农田灌溉分区及分区农田灌溉水有效利用系数表

序号	分区	所包括行政区划	小型灌区		中型灌区	
			自流	提水	自流	提水
1	长江上游区	宜昌市辖区及秭归县、兴山县、枝江市、宜都市、当阳市、远安县；恩施州的巴东县	0.556	0.520	0.505	0.498
2	鄂西南山区	恩施州的恩施市、利川市、建始县、咸丰县、宣恩县、来凤县、鹤峰县；宜昌市的五峰县、长阳县	0.537	0.520	0.505	0.500
3	汉江中上游区	十堰市辖区及郧西县、郧阳区、竹溪县、竹山县、房县、丹江口市；神农架林区；襄阳市辖区及老河口市、枣阳市、宜城市、南漳县、谷城县、保康县	0.558	0.520	0.511	0.513

序号	分区	所包括行政区划	小型灌区		中型灌区	
			自流	提水	自流	提水
4	汉江中游区	荆门市辖区及钟祥市、沙洋县、京山县	0.538	0.520	0.502	0.502
5	涢水上游区	随州市辖区及广水市;孝感市的安陆市、大悟县	0.516	0.522	0.497	0.516
6	鄂东北区	孝感市辖区及应城市、云梦县、孝昌县;黄冈市的红安县、麻城市;武汉市的黄陂区、新洲区	0.532	0.529	0.497	0.500
7	鄂东南山	黄冈市辖区及罗田县、英山县、浠水县、蕲春县、黄梅县、武穴市、团风县;黄石市辖区及大冶市、阳新县;咸宁市辖区及赤壁市、嘉鱼县、通山县、通城县、崇阳县	0.521	0.520	0.481	0.500
8	江汉平原区	荆州市辖区及松滋市、洪湖市、石首市、江陵县、监利县、公安县;孝感市的汉川市;武汉市辖区及蔡甸区、江夏区;天门市;仙桃市、潜江市;鄂州市	0.550	0.493	0.491	0.498

b. 2015 年分地市农田灌溉水有效利用系数

根据 2015 年各县农田灌溉水有效利用系数,采用各县灌区有效灌溉面积之和加权平均,得到 2015 年分地市农田灌溉水有效利用系数。

c. 2015 年全省农田灌溉水有效利用系数

根据 2015 年分地市农田灌溉水有效利用系数,采用各县灌区有效灌溉面积之和加权平均,得到 2015 年全省农田灌溉水有效利用系数 0.502。

2)2020 年农田灌溉水有效利用系数

2020 年以 2015 年分县农田灌溉水有效利用系数为基础,考虑区域经济发展水平及现状指标达标情况进行调整。

3)2016—2020 年农田灌溉水有效利用系数

以各地 2015 年基准年农田灌溉水有效利用系数为基数,2020 年与 2015 年系数差乘以年增加系数(考虑国家投资水平及湖北省实际情况,各年增加系数分别为 0.16、0.21、0.26、0.21、0.16),得到 2016—2020 年分地市农田灌溉水有效利用系数。通过对分地市农田灌溉水有效利用系数进行面积比加权,得到各水平年全省农田灌溉水有效利用系数,见表 3-5-4。

表 3-5-4 湖北省农田灌溉水有效利用系数

行政区划	农田灌溉水有效利用系数（%）					
	2015 年（基准年）	2016 年	2017 年	2018 年	2019 年	2020 年
湖北省	50.0	50.4	50.9	51.5	52.0	52.4
武汉市	52.1	52.5	53.0	53.7	54.2	54.6
黄石市	50.0	50.4	51.0	51.6	52.2	52.6
十堰市	51.3	51.7	52.2	52.7	53.2	53.6
宜昌市	49.5	49.8	50.3	50.8	51.3	51.6
襄阳市	50.9	51.3	51.8	52.4	52.9	53.3
鄂州市	50.4	50.8	51.3	51.9	52.4	52.8
荆门市	51.0	51.4	51.8	52.4	52.8	53.2
孝感市	50.5	50.9	51.4	52.0	52.5	52.9
荆州市	49.5	49.9	50.4	51.0	51.5	51.9
黄冈市	49.6	50.0	50.5	51.1	51.6	52.0
咸宁市	49.3	49.8	50.4	51.3	51.9	52.4
随州市	49.5	49.9	50.4	51.0	51.5	51.9
恩施州	52.9	53.3	53.8	54.3	54.8	55.2
仙桃市	49.0	49.4	49.9	50.5	51.0	51.4
潜江市	49.0	49.4	50.0	50.8	51.4	51.8
天门市	49.3	49.7	50.2	50.8	51.3	51.7
神农架林区	52.7	53.1	53.6	54.1	54.6	55.0

三、湖北省用水效率控制目标完成情况

以《2020 年湖北省水资源公报》《湖北省 2020 年农田灌溉水利用系数测算分析报告》和各市（州）统计部门提供的经济数据为基础，省级考核小组及省厅职能处室按照各自职责分工，分别对用水效率指标进行了复核，经资料复核和现场抽查，全省 17 个市（州）用水效率指标完成情况见表 3-5-5。

表 3-5-5 全省 17 个市（州）2020 年用水效率指标完成情况表

排名	市州	2020 年万元国内生产总值用水量降幅（%）	2020 年万元工业增加值用水量降幅（%）	2020 年农田灌溉水利用系数
1	宜昌市	35.59	35.3	0.541
2	神农架林区	35.89	38.43	0.553
3	仙桃市	31.04	55.03	0.514
4	随州市	30.92	53.51	0.5208

排名	市州	2020 年万元国内生产总值用水量降幅（%）	2020 年万元工业增加值用水量降幅（%）	2020 年农田灌溉水利用系数
5	天门市	31.04	46.63	0.5174
6	荆门市	32.93	37.32	0.534
7	黄石市	28.99	30.39	0.5264
8	潜江市	23.19	49.67	0.5181
9	武汉市	30.78	31.02	0.6
10	十堰市	35.25	44.13	0.549
11	襄阳市	28.67	26.36	0.535
12	荆州市	25.29	33.36	0.52
13	孝感市	32.32	40.65	0.532
14	恩施州	41.63	64.98	0.553
15	黄冈市	31.36	36.31	0.5225
16	鄂州市	22.67	8.81	0.5291
17	咸宁市	32.16	34.42	0.5317
	全省	30.03	31.2	0.528

从表 3.5-5 数据分析可知，全省 17 个市（州）到 2020 年万元 GDP 用水量黄石市、潜江市、襄阳市、荆州市、鄂州市等 5 个市未能达到控制目标，其他市（州）均完成了省级下达的控制目标；2020 年工业增加值用水量仅有襄阳市、鄂州市未能到达控制目标，其他市（州）均完成了省级下达的控制目标；农田灌溉水利用系数全省 17 个市（州）均达到了省级下达的控制目标；省级用水效率目标均达到控制目标。

四、湖北省用水效率控制考核形式

国家对湖北省年度考核采用日常监督与年终考核、定量与定性、明查与暗访等相结合的方式。日常监督主要采用"四不两直"等方式进行检查；年终考核主要以自查、明查、抽查等方式进行核查。根据日常监督与核查情况进行年度考核结果的评定，其中省级政府自查为年终考核方式的一种，分值占全年考核事项的 45.4%，需由省人民政府于当年 2 月 15 日前将上一年度目标完成情况、重点任务措施落实情况自查报告报送国务院，抄送水利部等考核工作组成员单位，并由省水利厅在国家水资源信息管理系统上报相应支撑材料；省级考核 17 个市（州）也采用国家考核湖北省的方式进行。

五、湖北省用水效率控制管理主要成效

"十三五"时期，湖北省积极践行"节水优先"的治水思路，认真贯彻落实国家节水行动方案，在强化节水体制机制建设、节水基础能力和设施建设、节水载体建设、社会节水意识等方

面制定节水工作措施,以总量强度双控、农业节水增效、工业节水减排、城镇节水降损、科技创新引领等重点行动为抓手,确保节水措施落地生效,加速节水型社会建设进程,推进水资源节约集约安全利用,基本完成了"十三五"期间确定的主要目标和任务,各项指标完成情况见表3-5-6。

表 3-5-6 湖北省"十三五"期间主要节水指标完成情况

序号	指标	2015 年	2020 年规划目标值	2020 年完成值	完成情况
1	用水总量(亿 m³)	301.27	≤365.91	278.9	完成
2	万元 GDP 用水量(m³)	99	69.3	69	完成
	万元 GDP 用水量下降率(%)		30	30.3	完成
3	万元工业增加值用水量(m³)	80	56	54	完成
	万元工业增加值用水量下降率(%)		30	32.5	完成
4	农田灌溉水有效利用系数	0.499	0.524	0.528	完成
5	规模以上工业用水重复利用率(%)	/	≥91	91	完成
6	城镇公共供水管网漏损率(%)	16	<13	10.24	完成

注:指标 2 万元 GDP 用水量下降率、指标 3 万元万元工业增加值用水量下降率均采用 2015 年可比价计算。

1. 强化节水体制机制建设

省政府将实施国家节水行动列入省委全面深化改革 2018—2022 年行动计划,连续三年写入生态文明体制改革工作要点,并率先印发省级节水行动实施方案;2021 年出台了《湖北省节约用水条例》,为全省节水工作提供了重要的法律依据。湖北省水利厅、发改委联合 11个部门建立了节水工作厅际协调机制,把用水效率作为推进河湖长制的重要内容,对市(州)党政领导班子进行严格考核,为推动节水工作提供了有力的组织保障。完成 20 条跨地市河流的流域水量分配方案,健全省、市、县三级管控指标体系;全面开展节水评价工作,从源头严把节水关,从严叫停节水评价未通过的项目。推动合同节水管理,武汉工程大学等在汉 4所高校与服务企业签订了合同节水项目,创新节水管理机制。

2. 强化节水基础能力建设

组织编制节水型高校建设方案和各类节水载体创建标准,印发《湖北省公共机构干部职工节水行为规范(试行)》;开展用水定额管理,修订发布湖北省工业、生活、农业灌溉用水定额,构建了基本完备的用水定额体系,加强了重点监控用水户的用水管理。

3. 强化节水基础设施建设

持续实施漳河、引丹等 32 个大型灌区和富水、垅坪等 137 个中型灌区续建配套与节水改造,完成石台寺、环东等 11 个大型灌排泵站的更新改造,推动农业水价综合改革,建成高标准农田 3570 万亩(2020 年值),新增高效节水灌溉面积 156.2 万亩,农田灌溉水有效利用系数达到 0.528(2020 年值),农业用水计量率约为 71%。不断加强城镇管网改造和污水处理厂建设,全省城镇公共供水管网漏损率 10.24%(2020 年值)。提升再生水利用率,并大力推广使用节水器具。在重点用水行业采用节水技术改造,万元工业增加值用水量平均年递减率为 6%。

4. 强化各类节水载体建设

强化节水载体示范引领作用,大力推动全民节水、全社会节水深入发展,全省 28 个县(市、区)完成县域节水型社会达标建设,共创建了 2 个国家级节水型城市、600 余家公共机构节水型单位、10 家节水型高校、21 家工业节水型企业和 7 个节水型灌区。

5. 强化社会节水意识建设

在"世界水日""中国水周"等特殊节点集中组织开展系列节水宣传教育,印发节水宣传画、水利职工节水行为规范手册、节水法规汇编等资料,开展中小学节水主题宣传教育活动启动暨节水科普联合活动,以小手牵大手共同营造节水惜水的良好社会氛围。与《湖北日报》联合开展县域节水型社会达标建设宣传,介绍达标创建工作,宣传节水的重要性及节水工作的成效。

六、湖北省节水面临的形势

1. 习近平新时期治水思路为节水提供了根本遵循

习近平总书记在保障国家水安全重要讲话时明确提出"节水优先、空间均衡、系统治理、两手发力"的新时期治水思路,其中"节水优先"是治水思路之首,是习近平新时代中国特色社会主义思想在治水兴水领域的重要体现,是解决水资源短缺、水生态损害、水环境污染三大水问题的重要举措,对于保障国家水安全、推进生态文明建设具有重大的现实意义和深远的历史意义。

2. 实施国家节水行动为节水指明了方向

党的十九大报告提出实施国家节水行动。2019 年,国家发改委、水利部联合印发了《国家节水行动方案》,湖北省水利厅、省发改委联合印发了《湖北省节水行动实施方案》。节水行动方案对各领域、各行业节约用水工作作出全面部署和具体安排,是今后一个时期指导节约用水工作的纲领性文件。

3. 水安全保障对节水提出了新要求

水安全是事关国家长治久安的大事,虽然长江、汉江纵贯全省,客水资源丰沛,但是自产水人均水资源量低于全国平均水平,而客水资源取用受总量控制指标制约;且水资源短缺、水环境污染、水生态破坏等问题均不同程度存在,水安全保障还存在不少薄弱环节。故需通过节水抑制不合理的用水需求,减少水资源消耗;通过节水提升用水效率,控制水资源开发强度;通过节水减少废污水排放,减轻对水生态环境的损害,保障水安全。

4. 新阶段水利高质量发展对节水提出了明确任务

党的十九届五中全会在"十四五"时期经济社会发展指导思想中进一步明确"以推动高质量发展为主题"。新阶段水利工作的主题为推动高质量发展,明确要提升水资源节约集约利用能力,基本形成节水型生产方式和生活方式,有效控制用水总量,大幅提高水资源节约集约利用效率和效益,实现经济社会发展与人口、资源、环境相协调,促进高质量发展。

七、湖北省用水效率控制管理存在的主要问题

"十三五"期间,湖北省用水效率控制管理工作虽然取得了较大成效,但对标国内外先进水平和"三新一高"要求仍存在一些问题,主要表现在以下几个方面:

1. 节水体制机制有待完善

各地节水专管机构和人员编制匮乏,节水管理制度有待加强;涉(节)水部门联动与协调机制需进一步完善,并加强落实;节水绩效考核与责任追究制度不健全,浪费水的行为惩戒力度不强。

2. 节水标准体系有待完善

用水定额涉及产品覆盖面不够,与精细化用水管理要求有差距,用水定额标准体系仍需完善;节水产品技术标准体系与涉水管理制度衔接配套不足,需进一步完善;节水载体评价标准体系欠缺,与新发展阶段节水工作要求不相适应。

3. 节水基础设施存在短板

农田水利基础设施配套不完善,灌溉水利用系数不高,取用水计量设施覆盖率不高;工业企业用水水平参差不齐,水资源循环化利用水平不高,用水效率偏低;城镇公共供水管网改造力度有待加强;再生水配置利用设施不完善,利用成本相对较高且未形成长效机制,再生水利用率较低。

4. 节水监管能力仍需加强

重点用水户在线监控覆盖率不高,节水数字化、智慧化管理水平较低,数据资源共享机制不健全。从事节水的社会监管与服务团体、科技支撑力量培育不足,节水社会监管与服务体系尚未形成。

5. 节水内生动力依然不足

水价的杠杆作用发挥不够充分,部分地区水价形成机制不能全面客观反映水资源的稀缺性和供水成本,难以激发用水户的自主节水投入和创新意识。节水市场机制不健全,财税引导和激励政策不完善。

6. 节水理念意识有待加强

社会公众对节水的紧迫性和意义认识还不够,用水方式仍相对粗放,节水就是减排、就

是保护的意识没有深入人心,全社会自觉节水惜水的良好氛围尚未全面形成,节水宣传仍需进一步加强。

八、节水管理典型案例——湖北中医药大学合同节水管理

1. 基本情况

（1）项目背景

湖北中医药大学创建于1958年,其前身是成立于1954年的湖北省中医进修学校,是湖北省唯一一所高等中医药本科院校,教育部本科教学工作水平合格评估优秀学校。学校现有昙华林和黄家湖两个校区,占地总面积1610亩,建筑总面积51万 m^2,两校区间隔较远,供水点分散,管理难度较大。

近年来,学校用水总量呈逐年攀升态势。一方面,学校基础建设日新月异、绿化面积不断扩大和师生人数逐年增加等原因引起的实际用水增加;另一方面,学校多年来没有邀请专业队伍进行全面系统的治漏降耗,地下管道漏水也日趋严重,导致供水漏损量逐年递增。根据节水服务公司常年从事高校治漏降耗经验分析,学校地下管道漏失率应高于20%。

（2）项目实施前用水现状

学校年供水总量常年保持在200万t以上,且有逐年攀升趋势（表3-5-7和图3-5-1）。

表3-5-7　　　　　　　　　　　学校用水状况　　　　　　　　　　　（单位:t）

时间	2013年	2014年	2015年	2016年
1月	146334	169125	179843	162753
2月	116022	168185	125878	138745
3月	119607	137572	142381	108871
4月	173194	160754	162655	169796
5月	169224	154963	128130	172242
6月	186074	171540	186497	196854
7月	166036	171540	187940	208729
8月	124528	152906	143433	144271
9月	142998	155165	166720	137092
10月	195382	205141	178412	214275
11月	195660	176937	195422	217573
12月	186183	172335	218327	188286
总量	1921242	1996163	2015638	2059487

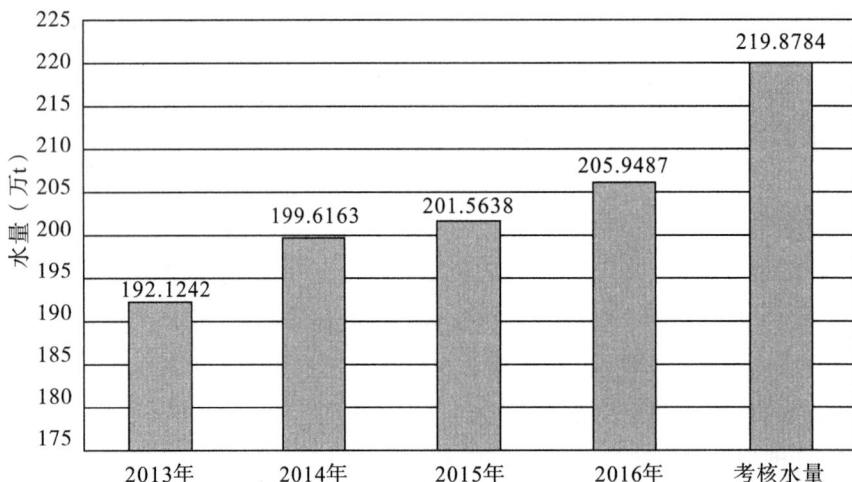

图 3-5-1 项目实施前用水趋势

（注：考核水量为 2016 年 10 月至 2017 年 9 月期间水费单水量）

（3）存在的问题

①昙华林校区建成较早，供水管网相对老化，地下管道漏水时有发生；

②黄家湖校区受到新建建筑物沉降的影响，管道破损频繁；

③两校区便池、淋浴、洗手池、拖把洗涤池等区域长流水现象时有发生；

④急需一套完整的供水管网图，指导管网改造设计、日常维修维护。

2. 节水模式及实施内容

（1）项目合同节水模式

项目合同节水模式：节水效益分享型。

用水单位节水效益分享比例：23％。

节水服务公司节水效益分享比例：77％。

（2）合同甲、乙双方

合同甲方：湖北中医药大学（用水单位）。

合同乙方：武汉博水信息科技有限公司（节水服务公司）。

（3）合同期

项目合同期为：2017 年 8 月至 2018 年 10 月，目前项目已经完工，并通过验收，表 3-5-8 是项目进度表。

（4）实施内容

节水服务公司通过采取综合节水服务措施，使学校供水管网漏损趋于合理状态，促进学校合理科学节约用水，主要内容如下：对日常用水进行监管；通过计费水表流量监测与分析、管网水压监测与分析，及时探明漏点并进行维修；协助推广优质节水器具、协助监管中水处理与回用；协助处理突发供水故障排查；勘探测绘校正供水管网图，为供水管网更新改造奠定基础。

表 3-5-8　　　　　　　　　　　　　　　项目进度表

阶段	期限	工程实施内容
普查阶段	2017 年 8 月 1 日至 2017 年 10 月 1 日	了解学校供用水情况和供水管网系统,掌握基础资料和数据,及时进场探测并开挖维修
水量水压 监测阶段	2017 年 10 月 1 日至 2018 年 10 月 1 日	乙方监测该阶段的供水总量和供水压力。随时发现异常随时处理
漏损控制 阶段	2017 年 10 月 1 日至 2018 年 10 月 1 日	此间每个月至少进行 1 次全面探测,尽可能将漏水控制在萌芽状态
协助日常 节水管理	2017 年 10 月 1 日至 2018 年 10 月 1 日	对于用水单位发现的漏水现象,随叫随到,及时处理回复,有效协助用水单位进行日常用水管理和监管
供水管网 平面图绘制	2017 年 10 月 1 日至 2018 年 10 月 1 日	完成两个校区供水管网平面图绘制

(5)完成情况

节水服务公司从 2017 年 8 月 1 日开始,对学校供水管网进行治漏降耗工作。截至 2018 年 10 月 1 日,探明并维修漏水点共计 80 处,绘制完成两个校区地下供水管网平面图。

3. 实施效果及效益

从实际效果看,本次合同节水管理项目工作目标达成,项目成效非常显著。通过采取综合节水服务措施,一年下来共计探明并维修漏水点 80 处,使学校供水管网漏损趋于合理状态,促进学校合理科学节约用水。

项目实施前约定参考水量为 219 万 m^3,考核期水量为 155 万 m^3,直接节水 64 万 m^3,直接经济效益 158.85 万元(图 3-5-2 和表 3-5-9)。

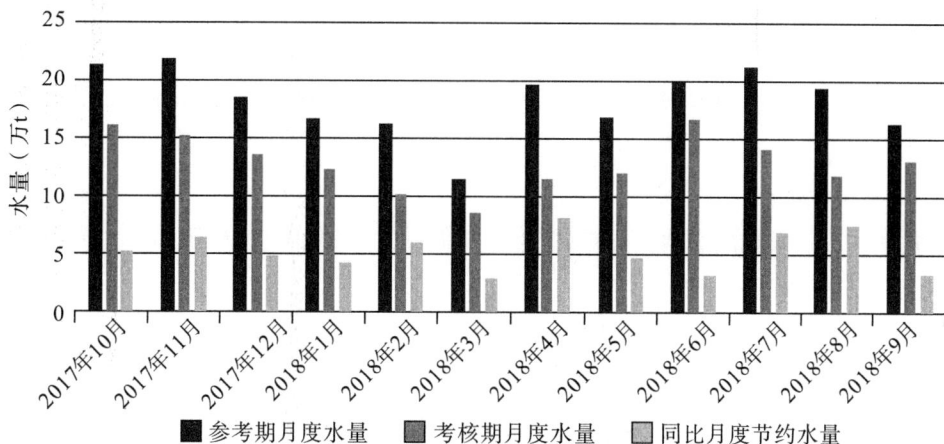

图 3-5-2　湖北中医药大学合同节水管理水量对比图

表 3-5-9 　　　　　　　　项目实施前后节水效果对比表　　　　　　　（单位：m³）

实施前水量		实施后水量		节约水量
时间	计费水量	时间	计费水量	
2016 年 10 月	214275	2017 年 10 月	161551	52724
2016 年 11 月	217573	2017 年 11 月	152105	65468
2016 年 12 月	184376	2017 年 12 月	135244	49132
2017 年 1 月	168538	2018 年 1 月	124526	44012
2017 年 2 月	163408	2018 年 2 月	102581	60827
2017 年 3 月	115407	2018 年 3 月	85892	29515
2017 年 4 月	196990	2018 年 4 月	114944	82046
2017 年 5 月	168164	2018 年 5 月	120846	47318
2017 年 6 月	200426	2018 年 6 月	167359	33067
2017 年 7 月	211764	2018 年 7 月	141226	70538
2017 年 8 月	194082	2018 年 8 月	118098	75984
2017 年 9 月	163781	2018 年 9 月	131296	32485
合计	2198784	合计	1555668	643116

4. 主要经验和做法

(1)管网资料收集、调查

进场前收集工作区内各个独立区域或独立供水范围供水管网图、管网压力以及各个计费水表水费单历史月度用水资料,分析各个独立区域或独立供水范围用水趋势及漏损状况。

(2)管网压力测量及分析

通过对管网上的压力分析,了解压力的空间、时间的数据和变化规律,发现管网压力异常,确定漏水发生的重点区域。同时,为漏水探测方法的合理采用及探测数据的解释提供依据。

(3)阀栓听音探测

采用机械听音棒对消火栓、阀门、水表以及管道出露点,进行听音探测来发现阀栓漏水、阀栓异常。

(4)路面听音探测

用漏水探测仪发现漏水地面异常,定性分析漏水发生的可能性及漏水点位置。

(5)漏水相关探测

发现声波异常,分析是否为漏水引起,若为漏水异常,精确定位漏水位置并记录漏点相关数据。

(6)水中相关探测

在振幅相关探测条件受到限制,探测效果不好的情况下使用水中传感器。确认漏水的发生,精确定位漏水点。

5. 存在的主要问题及建议

①本项目约定的节水效益分享期太短,限制了合同节水服务企业的节水技术投入热情,导致本项目节水新技术运用不足。本项目中,校方建设有分散式再生水处理设施,但是因维护不到位,中水利用率很低,但是节水服务企业基于投资回报的考虑,没有充分挖掘再生水利用的潜力。

②供水管网漏水是随时随地可能发生的,如不坚持漏水探测和漏水防治工作,管道漏水还会发生。目前校方还没有节水监管平台,节水服务公司项目期间主要采用传统漏水治理办法,往往延误了漏水点探明时间,造成不必要的漏水损失。本项目没有建设节水监管信息系统,不利于校方节水管理工作的长效深入。

学校近几年的实际用水量显示,停止合同节水管理项目后,学校的用水量迅速失控,重新大幅上升,见表3-5-10。

表 3-5-10　　　　　　　　　　合同对用水量的作用

年份	2015	2016	2017	2018	2019
用水量(万 m³)	201.56	205.95	191.77	161.15	200.88
增减幅(%)	—	2.18	−6.89	−15.97	24.65

合同节水管理模式是经过市场检验的、具有强大的生命力和巨大技术优势的节水管理模式。其从市场角度入手,激发了节水资金和技术参与节水的积极性。建议高校在引进合同节水管理模式的过程中,从长远考虑,提出节水服务方案,科学制定节水目标,实现多方共赢。

第四章 水功能区限制纳污红线管理

建立水功能区限制纳污红线的目的,旨在通过实施限制纳污红线控制的指标,促进各级人民政府加强水资源保护,改善水质,使水体达到水功能区所需要的水质要求。

第一节 水功能区限制纳污的必要性

一、水功能区限制纳污红线考核是最严格水资源管理的重要内容

随着我国工业化、城镇化高速发展,我国水资源形势日益严峻,在水资源保护方面也面临较大压力。2008年全国污水排放总量达758亿t,水功能区达标率仅43％,由污染造成的水资源功能降低甚至丧失的情况在全国普遍存在。中国工程院在《中国可持续发展水资源战略研究报告》中指出:"水资源已成为不亚于洪灾、旱灾甚至更为严重的灾害。"湖北省水污染形势也不容乐观,长江、汉江沿江城市近岸污染带越来越长,汉江干流及部分支流多次发生"水华"现象,中、小河流超标(超Ⅲ类)长度已超评价河长的20％,部分饮用水水源地水质达不到使用功能要求,"守在水边无水喝"已非危言耸听。

水污染是人为制造的水患,污染的水体通过多种方式作用于人体和环境,造成的危害时间长、范围大,其危害后果往往经过很长时间才显现出来,恢复难度大。从20世纪70年代开始,水污染就已经发生,但由于没有给予足够的重视,采取的措施不够,造成了今天污染泛滥、危害严重的局面。水资源保护任务比防洪减灾更加迫切、更加繁重。因此,国家提出实行最严格水资源管理制度,建立用水总量控制、用水效率、水功能区限制纳污"三条红线",其中水功能区限制纳污红线是一条水质保障、水资源保护的重要红线。

二、水功能区限制纳污红线考核是贯彻《水法》的具体体现

《水法》在水功能区限制纳污方面主要设计了以下几项制度:

1. 水功能区划制度

随着我国经济社会的发展和城市化进程的加快,水体污染已经成为制约国民经济可持续发展的重要因素。《水法》第三十二条确定的水功能区划制度就是通过在流域范围内,按

照水资源可持续利用的要求,根据国民经济发展规划和流域综合规划,划定各水域的主导功能和功能顺序,确定水域功能不遭破坏的水资源保护目标。根据水功能区划确定的水域功能对水质的要求和水体的自然净化能力,核定水域纳污能力。按照水域纳污能力与现实排污状况确定限制排污的总量指标,作为水污染防治的依据。

①水功能区划的拟定,必须以流域为单元,以流域综合规划、水资源保护规划和经济社会发展要求为依据。

②对水功能区实行分级划分和管理。即国家确定的重要江河、湖泊的水功能区划,由国务院水行政主管部门会同国务院环境保护行政主管部门、有关部门和有关省、自治区、直辖市人民政府拟定,报国务院批准;跨省、自治区、直辖市的其他江河、湖泊的水功能区划,由有关流域管理机构会同江河、湖泊所在地的省、自治区、直辖市人民政府水行政主管部门、环境保护行政主管部门和其他有关部门拟定,分别经有关省、自治区、直辖市人民政府审查提出意见后,由国务院水行政主管部门会同国务院环境保护行政主管部门审核,报国务院或者其授权的部门批准;除上述江河、湖泊以外的其他江河、湖泊的水功能区划,由县级以上地方人民政府水行政主管部门会同同级人民政府环境保护行政主管部门和有关部门拟定,报同级人民政府或者其授权的部门批准,并报上一级水行政主管部门和环境保护行政主管部门备案。

③排污总量控制。实行向水域排污的排污总量控制,是对水功能区实行有效管理的重要手段之一。污染控制应当建立在水资源的承载能力基础上,实行污染物浓度控制与总量控制相结合。水域都有自净能力,当水域容纳了超过其自身净化能力的污染物质时,就表现出被污染的特征。保护水体,首先要确定其自身的纳污能力。《水法》关于核定水域的纳污能力、提出水域的限制排污总量指标的规定,对水污染防治工作提出了更高要求,使水污染防治与水资源的综合开发、利用、保护相结合,使防治工作更加科学、合理。在具体实施中,水行政主管部门和环境保护部门应当加强配合与协作,水行政主管部门提出的水域限制排污总量意见,应当作为环境保护部门进行污染物排放总量控制的依据。

2. 饮用水水源保护区制度

《水法》第三十二条确定了饮用水水源要划定保护区,采取措施,防止水源枯竭和水体污染,保证城乡居民饮用水安全。随着人们生活水平的提高,对供水水质的要求也提高了,因此水质保护要求也应相应地提高。不但水源地的水质要达到饮用水水源地标准要求,而且还要保证水源地的水量。目前,许多重要的水源地都制定了专门的保护规定,并划定了饮用水水源保护区,对水源地水质和水量保护提出明确的保护措施。

3. 水质监测制度

《水法》第三十二条规定:"县级以上地方人民政府水行政主管部门和流域管理机构应当对水功能区的水质状况进行监测,发现重点污染物排放总量超过控制指标的,或者水功能区的水质未达到水域使用功能对水质的要求的,应当及时报告有关人民政府采取治理措施,并向环境保护行政主管部门通报。"水质监测是水资源管理与保护的重要基础，是管理水资源的基本手段，也是水行政主管部门的一项重要职责。水质动态信息是政府控制水污染、实施监督管理的依据。目前，我国水资源紧缺，水污染严重，水质监测提供的水质信息显得尤为重要。

《水法》第八条规定："在开发、利用、保护、管理水资源，防治水害，节约用水和进行有关的科学技术研究等方面成绩显著的单位和个人，由各级人民政府给予奖励。"水利部《水功能区管理办法》第十六条规定："县级以上地方人民政府水行政主管部门或流域管理机构的工作人员在水功能区管理工作中玩忽职守、滥用职权、徇私舞弊的，由其所在单位或者上级机关给予行政处分；构成犯罪的，依法追究刑事责任。"因此，开展水功能区纳污考核是《水法》等赋予水利部门的重要职责。

第二节 水功能区限制纳污红线控制指标体系

一、水功能区水质达标率

水功能区水质达标率是指水功能区水质监测成果（现阶段指高锰酸盐指数、氨氮）按照《地表水环境质量标准》（GB 3838—2002）评价，合格率在80％以上的称为达标，否则为不达标。

二、饮用水水源地安全保障考核指标

城市饮用水水源地的安全目标是水量满足水源设计水量要求，水质符合饮用水源水质要求。

三、限制纳污红线评估指标

由于限制红线考核指标还不能完全反映全国的限制纳污红线的实施情况，因此限制纳污红线监督管理制度从日常监管、推进工作和方向引导等3个方面设立了纳污能力、点源排放总量、点源入河总量、点源排放总量与入河总量减小比例等监测评估指标。对饮用水水源地设立了供水保证率、饮用水合格率及江河湖泊水量调控等评估指标。

1. 纳污能力

纳污能力是指在给定的水质目标、设计水量及背景条件、排污口位置及排放方式情况下，水体使用功能不遭破坏所能容纳的某种污染物的最大量。

2. 点源排放总量

点源排放总量指由企业和市政排污口、污水处理厂等排放的污染物的总量。

3. 江河湖泊生态水量调控评估指标

江河生态水量、湖泊生态水位,是具有代表性的江河湖泊生态水量调控评估指标。

(1)江河生态水量

江河生态水量是指为维系和保护江河的最基本功能不受破坏所必须在河道内保留的最小水量。总体来说,江河生态水量包括维持枯水期河流中水生生物正常生长所需的水量,即生态基流;是维持河流水体具有一定自净能力所需的水量。

(2)湖泊生态水位

湖泊生态水位是指维持湖泊湿地系统所需要的最低水位,是生态系统可以恢复的极限水位;以维持湖泊的生态功能,保证水生动植物能够生存,维持其不消亡所需要的最小群落数量。湖泊处于此水位下,必须实施生态补水。

第三节　水功能区限制纳污红线控制指标计算方法

一、基本要求

评价范围应包括水功能一级区中的保护区、保留区、缓冲区,水功能二级区中的饮用水水源区、工业用水区、农业用水区、渔业用水区、景观娱乐用水区、过渡区和有水质管理目标的排污控制区。

饮用水水源区宜按月或旬评价,评价期内监测次数不应少于1次;缓冲区应按月评价,评价期内监测次数不应少于1次;保护区、保留区应按水期评价,评价期内监测次数不应少于3次;其他水功能区的评价周期可根据具体条件设置。

按年度评价的水功能区,评价期内监测次数不应少于6次。

流域及区域水功能区水质达标评价应按水资源分区和行政分区两种口径分别进行评价。

二、评价标准与评价项目

水功能区水质评价工作,应执行《地表水资源质量评价技术规程》(SL 395—2007)的规定。

单一功能水功能区,应以其水质管理目标对应的水质标准为评价标准。多功能水功能区应以水质要求最高功能所规定的水质管理目标对应的水质标准为评价标准。

评价项目应根据水功能区功能要求确定。具有饮用水功能的水功能区评价项目应包括《地表水环境质量标准》(GB 3838—2002)中的地表水环境质量标准基本项目和集中式生活饮用水地表水源地补充项目,有条件的地区宜增加有毒有机物评价项目。

三、评价数据要求

水功能区水质代表值应按以下规定确定：

①只有一个水质代表断面的水功能区，应以该断面的水质数据作为水功能区的水质代表值。

②有多个水质监测代表断面的缓冲区，应以省界控制断面监测数据作为水质代表值。

③有多个水质监测代表断面的饮用水水源区，应以最差断面的水质数据作为水质代表值。

④有两个或两个以上代表断面的其他水功能区，应以代表断面水质浓度的加权平均值或算术平均值作为水功能区的水质代表值。采用加权方法时，河流应以流量或河流长度作权重，湖泊应以水面面积作权重，水库应以蓄水量作权重。

四、单个水功能区达标评价

单个水功能区达标评价应包括单次水功能区达标评价、单次水功能区主要超标项目评价、水期或年度水功能区达标评价、水期或年度水功能区主要超标项目评价 4 部分。

单次水功能区达标评价应根据水功能区管理目标规定的评价内容进行：

①对规定了水质类别管理目标的水功能区，应进行水质类别达标评价。所有参评水质项目均满足水质类别管理目标要求的水功能区为水质达标水功能区；有任何一项不满足水质类别管理目标要求的水功能区为水质不达标水功能区。

②对规定了营养状态管理目标的水功能区，应进行营养状态达标评价。满足营养状态管理目标要求的水功能区为营养状态达标水功能区；反之为营养状态不达标水功能区。水功能区营养状态评价应符合"湖泊(水库)营养状态评价标准及分级方法"的规定。

③水质类别和营养状态均达标的水功能区为达标水功能区，有任何一方面不达标的水功能区为不达标水功能区。

单次水功能区达标评价水质浓度代表值劣于管理目标类别对应标准限值的水质项目称为超标项目。超标项目的超标倍数应按式(4.1)计算，水温、pH 值和溶解氧不计算超标倍数。应将各超标项目按超标倍数由高至低排序，排序列前三位的超标项目为单次水功能区的主要超标项目。

$$FB_i = \frac{FC_i}{FS_i} - 1 \tag{4.1}$$

式中：FB_i——水功能区某超标项目的超标倍数；

FC_i——水功能区某水质项目的浓度，mg/L；

FS_i——水功能区水质管理目标对应的标准限值，mg/L。

水期或年度水功能区达标评价应在各水功能区单次达标评价成果基础上进行。在评价水期或年度内，达标率不小于 80% 的水功能区为水期或年度达标水功能区。水期或年度水

功能区达标率应按式(4.2)计算:

$$FD = \frac{FG}{FN} \times 100\%　(4.2)$$

式中:FD——水期或年度水功能区达标率;

　　FG——水期或年度水功能区达标次数;

　　FN——水期或年度水功能区评价次数。

水期或年度水功能区超标项目应根据水质项目水期或年度的超标率确定。水期或年度超标率大于20%的水质项目为水期或年度水功能区超标项目。应将水期或年度水功能区超标项目按超标率由高至低排序,排序列前三位的超标项目为水期或年度水功能区主要超标项目。水质项目水期或年度超标率应按式(4.3)计算:

$$FC_i = (1 - \frac{FG_i}{FN_i}) \times 100\%　(4.3)$$

式中:FC_i——水质项目水期或年度超标率;

　　FG_i——水期质项目水期或年度达标次数;

　　FN_i——水质项目水期或年度评价次数。

五、流域及区域水功能区达标评价

流域及区域水功能区达标评价应包括水功能区达标比例、水功能一级区(不包括开发利用区)达标比例、水功能二级区达标比例、各分类水功能区达标比例4部分内容。

应根据功能区水体类型采用不同口径进行水功能区水质评价。河流类应按功能区个数和河流长度进行评价;湖泊类应按功能区个数和水面面积进行评价;水库类应按功能区个数、水库水面面积和蓄水量进行评价。

流域及区域主要超标项目应根据各单项水质项目水功能区超标频率的高低排序确定。排序前三位的单项水质项目应为流域及区域主要超标项目。水质项目超标频率应按式(4.4)计算。

$$PFB_i = \frac{NFB_i}{NF_i} \times 100\%　(4.4)$$

式中:PFB_i——某水质项目超标频率;

　　NFB_i——某水质项目超标水功能区个数;

　　NF_i——某水质项目评价水功能区总个数。

六、评价成果图

评价成果图的底图应包括主要水系、水资源分区和行政分区要素。评价成果图中的水功能区代表断面采用倒三角符号表示,河流采用线型表示,湖泊水库采用面型表示。

达标水功能区应采用绿色标记表示,不达标水功能区应采用红色标记表示。

第四节　湖北省水功能区限制纳污红线控制管理实践

湖北各市(州、区)水功能区水质达标率考核指标的制定,总体上应满足国家对湖北省水功能区水质达标率考核的要求,同时应按水利部的统一要求以 2009 年为基准年,参考 21 世纪前 10 年水功能区水质评价结果及各水域水质变化的趋势,按照保证水功能区水质不低于现状及优先保障饮用水安全、优先保证不影响下游区域水功能的原则,将考核目标分解至各市(州、区)。

一、国家对湖北水功能区水质达标率的总体要求

水利部《实行最严格水资源管理制度工作方案(初稿)》对湖北省"十二五"期间水功能区考核目标分解任务:一级水功能区的水质达标率为 75.5%,其中:保护区 100%、保留区 77.1%、缓冲区 60.0%;二级水功能区的水质达标率为 69.0%,其中:饮用水水源区 95.0%、工业用水区 50.0%、农业用水区 50.0%、渔业用水区 50.0%、景观娱乐用水区 33.3%、过渡区 20.0%、排污控制区 20.0%。

二、基准年(2009 年)湖北水功能区水质达标情况

为做好全省水功能区水质达标率,全省以 2009 年为基准年,对全省水功能区进行了评价。全省水功能区共评价现状水功能区 140 个,达标 104 个,达标率为 74.3%。其中一级区 87 个,达标 69 个,达标率为 79.3%;二级区 53 个,达标 35 个,达标率为 66.0%。

全省评价河流类水功能区 101 个,77 个达标,达标率为 76.2%;总评价河长为 5336.3km,达标河长为 4170.7km,达标率为 78.2%。

全省评价湖泊类水功能区 20 个,10 个达标,达标率为 50%;总评价面积为 1370.51km²,达标面积为 772.46km²,达标率为 56.4%。

全省评价水库类水功能区 19 个,17 个达标,达标率为 89.5%;总评价蓄水量为 246.9772 亿 m³,达标蓄水量为 244.0492 亿 m³,达标率为 98.8%。

全省水功能区主要超标项目为氨氮、高锰酸盐指数和溶解氧。

现状评价一级水功能区 87 个,其中保留区 65 个,保护区 18 个,缓冲区 4 个,均为省界缓冲区。2009 年评价的 87 个一级水功能区共达标 69 个,达标率为 79.3%,其中保留区达标 50 个,达标率为 76.9%;保护区达标 15 个,达标率为 83.3%;缓冲区达标 4 个,达标率为 100%。

一级水功能区主要超标项目为氨氮、高锰酸盐指数和溶解氧。

现状评价二级水功能区 53 个,二级水功能区中饮用水水源区 32 个,工业用水区 9 个,农业用水区 2 个,景观娱乐用水区 4 个,过渡区 2 个,排污控制区 4 个。2009 年评价的 53 个二级水功能区共达标 35 个,达标率为 66.0%,其中饮用水水源区达标 25 个,工业用水区达

标 5 个,农业用水区达标 2 个,景观娱乐用水区达标 1 个,过渡区达标 1 个,排污控制区达标 1 个。

二级水功能区主要超标项目为氨氮、高锰酸盐指数和挥发酚。

按水功能区统计分类,保留区 65 个,达标 50 个,达标率为 77%;保护区 18 个,达标 15 个,达标率为 83.3%;缓冲区 4 个,达标率为 100%;饮用水水源区 32 个,达标 25 个,达标率为 78%;工业用水区 9 个,达标 5 个,达标率为 56%;农业用水区 2 个,达标率为 100%;景观娱乐用水区 4 个,达标 1 个,达标率为 25%;过渡区 2 个,达标 1 个,达标率为 50%;排污控制区 4 个,达标 1 个,达标率为 25%。

三、全省市(州、区)水功能区水质达标率分年度目标

根据水利部要求和湖北省水功能区水质达标状况,湖北省各市(州、区)水功能区水质达标率分解见表 4-5-1。

表 4-5-1　　　　　全省各市(州、区)水功能区水质达标率分解

行政区	现状(2009)达标率(%)	规划分年度达标率(%)				
		2011 年	2012 年	2013 年	2014 年	2015 年
鄂州	70	71	72	73	74	75
恩施	90	91	92	93	94	95
黄冈	66	68	70	71	73	75
黄石	55	57	59	61	63	65
荆门	50	52	54	56	58	60
荆州	35	37	39	41	43	45
武汉	43	44	46	47	48	50
咸宁	70	72	74	76	78	80
襄阳	62	63	65	67	68	70
孝感	32	33	35	37	38	40
宜昌	60	62	64	66	68	70
十堰	90	91	92	93	94	95
随州	37	38	39	41	43	45
仙桃	90	91	92	93	94	95
潜江	90	91	92	93	94	95
天门	45	47	49	51	53	55
神农架林区	100	100	100	100	100	100
全省	60.5	65.1	66.7	68.3	70.6	72.2

四、湖北省水功能区限制纳污红线控制管理主要成效

湖北省水系发达、河流纵横、湖库棋布,是三峡工程库坝区和南水北调中线工程核心水源区。湖北水生态环境保护责任重大、使命光荣。省委、省政府坚持将生态保护和绿色发展摆在重要位置,以长江大保护、水污染防治攻坚、河湖长制实施等为抓手,以工业、生活、农业、航运污染"四源齐控"为主线,推进"水环境、水资源、水生态"协同共治,全省水功能区水质持续改善。全省纳入国家考核的水功能区水质达标率由2015年的88.1%提高到2020年的93.8%。湖北省水生态环境保护发生历史性、转折性、全局性变化。

1. 高站位推进长江水生态环境保护

2015年4月5日,湖北省人大常委会召开湖北省推进长江经济带生态保护座谈会,专题研究落实习近平总书记"共抓大保护,不搞大开发"的指示精神,加强长江生态保护,省委明确提出"抓紧实施以水质为龙头的长江治理,确保长江水质安全"。湖北省委、省政府大力实施"绿色决定生死、市场决定取舍、民生决定目的"的"三维纲要",启动了自然资源资产负债表编制试点和领导干部自然资源资产离任审计试点工作,划定了湖北省生态保护红线,出台《湖北省党政领导干部生态环境损害责任追究办法》,旨在抓住领导干部这个"关键的少数",倒逼全省各级各部门特别是其主要领导干部,严格落实生态环境保护责任,切实加强土地、森林、水等重要自然资源资产的管理和保护。湖北省委、省政府印发了《关于大力加强生态文明建设的意见》,省人大批准了《湖北省生态建设规划纲要(2014—2030年)》,明确湖北省生态建设要突出水特色,发挥水优势,打造水品牌,提升"千湖之省"水活力。"十三五"期间,全省先后出台了湖北长江大保护九大行动、长江大保护十大标志性战役、长江经济带绿色发展十大战略性举措、长江保护修复攻坚战等方案,共抓长江水生态保护修复。"十三五"期间共计完成332家沿江化工企业"关改搬转"。持续开展入河排污口整治,通过"三级排查",明确全省长江入河排污口12480个,分类监测溯源有序推进。长江经济带101个省级及以上工业园区查摆的67个问题全部完成整改。退耕(垸、渔)还湿9.99万亩(1亩=0.067hm²)。全省完成划界河段长度5300km,湖库面积2800多km²,实现河湖长制全覆盖。统筹山水林田湖草系统治理,10个沿江城市开展长江生态环境保护修复驻点和联合研究。

2. 全面实行河湖长制

2014年,水利部在全国开展河湖管护体制机制创新试点工作,湖北省积极争取指标,在环梁子湖地区的鄂州市、大冶市、武汉市江夏区和咸宁市咸安区开展试点工作。2015年,湖北省水利厅确定潜江市、仙桃市、宜都市和夷陵区4个市(区)开展省级河长制试点工作。此外,宜昌市、恩施市、黄石市等单位超前谋划,在辖区范围内全面推行河湖长制,为全省全面推行河湖长制工作打下了坚实基础。2016年,中央印发《关于全面推行河长制的意见》,湖北省积极响应并贯彻落实。结合湖北实际,研究将湖长制纳入实施意见,筹备成立工作领导小组和办公室。2017年1月,经省委、省政府主要领导同志签发,湖北在全国率先出台《关于

全面推行河湖长制的实施意见》,决定省委书记任第一总河湖长,省长任总河湖长,分管副省长任副总河湖长,跨市(州)重要河流、重要湖泊由省委和省政府负责同志分别担任河湖长。湖北出台了《湖北省湖泊保护条例》,成立了省湖泊局,专司湖泊保护,理顺了湖泊保护管理体制。完成了《湖北省湖泊资源环境调查与保护利用研究》,出版了《湖北省湖泊志》,755个湖泊列入省级保护名录。《湖北省湖泊保护总体规划》编制完成,省、市、县三级政府层层签订湖泊保护责任状,实行行政首长任期目标考核责任制。将湖长制纳入贯彻河长制的意见中,推行了河湖"双长制",明确政府"河长""湖长"的责任,严格追责。省委书记任第一总河湖长,省长任总河湖长,分管副省长任副总河湖长,跨市(州)重要河流、重要湖泊由省委和省政府负责同志分别担任河湖长。全省755个录入全省保护名录的湖泊和4230条长度在5km以上的河流全部实行河湖长制,邀请热心公益的民间志愿者担任"草根河长""草根湖长"。开展了"爱我千湖"志愿者活动,举办"爱我千湖"征文和"湖北最美十大湖泊"评选,努力在全省建立护湖、养湖、爱湖、亲湖、美湖心理习惯、消费习惯,并树立文化价值理念。

3. 超额完成"水十条"目标任务

加强水功能区监督管理。水功能区达标率纳入省委组织部对省管干部的考核,考核水功能区284个,实现了省级345个水功能区监测全覆盖。启动了重点河流纳污能力核订。加强饮用水水源地保护。批复了《湖北省重要饮用水水源地安全保障规划》,确定重要饮用水水源地名录163个。2020年,全省地表水国考断面中水质优良比例为91.2%,较基准年(2015年)上升11.4个百分点;全面消除国考劣Ⅴ类断面,较基准年下降8.8个百分点;县级及以上饮用水水源地自2017年2月至2020年连续4年达标率为100%,超额完成"水十条"目标任务。2020年全省114个断面水质均达到Ⅳ类及以上;长江干流2019年、2020年连续两年全部达到Ⅱ类水质;2020年化学需氧量、氨氮排放量较2015年分别下降13.77%、13.61%,完成"十三五"主要水污染物减排任务。

4. 扎实开展碧水保卫战

积极开展碧水保卫战,推进水质提升、空间管控、小微水体整治、河湖长制能力建设四大攻坚行动,河湖面貌明显改善,河湖治理和管护成效逐步显现,24.4万个小微水体焕发生机活力。积极推进流域环境综合整治,以问题为导向,组织对27条流域46个断面编制了达标方案,对9个跨界河湖制定省级治理方案,"一水一策"统筹推进流域综合整治,突出重点领域污染管控。截至2020年底,全省监测运行828座乡镇污水处理厂,基本实现乡镇污水治理全覆盖;铁腕治理养殖污染,在全国率先完成水产养殖全面拆围,2017年底拆除全部122.2万亩围栏围网,取缔27.45万亩投肥(粪)养殖和4.5万亩珍珠养殖,一些重点湖泊长期存在的养殖污染问题得到彻底解决;全面划定畜禽养殖禁养区,总面积34006.08km²,禁养区内规模化养殖场按规定全部关闭;狠抓工业污染治理,关闭取缔造纸、制革、印染等"十小"企业158家,自加压力新增关闭小选矿、小冶炼、小塑料、小化工1079家(生产线);101家省级及以上工业集聚区建成污水处理设施。积极开展中央环保督察"回头看"整改,对江汉平原河湖水系水生态系统碎片化等重点和难点问题,组织各地对水利工程及设施进行摸排和评估,对丧失灌排功能和影响水系畅通的涵闸予以拆除,建立上下游、干支流、左右岸应急联动联调机制。扎实打好污染防治攻坚战和长江保护修复攻坚战,明确实施方案,逐条分解任务,细化工作措施。加强湖库水生态环境保护,积极推进河湖水系连通和水生态修复。

5. 着力完善水生态环境管理体制机制

率先在长江流域出台省级跨界断面水质考核办法,实现长江跨市界及一级支流河口断面监测考核全覆盖。以污染严重、上下游矛盾纠纷频发的通顺河为试点,积极开展跨界污染治理试点工作,使通顺河水质达到近 20 年最好水平。全省已有 85 个县(市、区)初步建立流域上下游横三向生态保护补偿机制,占县(市、区)总数的 83%,共建共享共同维护"三江(长江、汉江、清江)、两湖(梁子湖、洪湖)、两库(三峡水库、丹江口水库)"等重点流域生态环境。推动建立清江等重点流域水污染防治区域协调联动机制。对丹江口库区开展专题调研,探索推进库区跨区域协调联动机制。推进水利、环保、汉江水污染防治应急联动机制落实,推动汉江与陕西省的联动机制建设。省发改委携手国开行省分行、农发行省分行,创新长江大保护公益、准公益项目投融资模式、商业模式、运营模式,形成可复制的长江经济带生态环境项目操作模式。

6. 积极开展重要河湖生态流量水量保障

建立约 1000 个水工程生态流量重点监管名录。分 4 批次对全省 9 个流域 59 个水工程进行了生态流量泄放暗访。年均泄放生态流量约 60 亿 m^3。协调长江水利委员会调度三峡工程、丹江口水库,加大长江、汉江过境水量,为抗旱和生态用水提供水源保障。修编了《大型排涝泵站和主要湖泊控制运用意见》,增加了生态流量管理目标。结合小水电清理整改印发了《湖北省小水电清理整改"一站一策"方案编制工作指导意见》,将生态流量泄放作为整改类水电站的重要措施。

五、生态保护与修复典型案例——鄂州市曹家湖、垱网湖退田还湖工程

曹家湖、垱网湖位于湖北省鄂州市葛店经济技术开发区、华容区连接处,原与周边严家湖、五四湖相连,湖泊原有面积为 20.61km²。自古以来,曹家湖、垱网湖在地区径流调节、灌溉供水、水产养殖已经维系生态平衡方面发挥着重要作用,然而由于围湖造田,曹家湖、垱网湖逐渐变为鱼塘、水田等,周边陆续修建了五四湖大堤、曹家湖港堤、栈咀港堤等堤防,人为的建堤围湖、分隔湖汊、开发等活动,分隔了曹家湖、垱网湖与大湖之间的自然联系。水域减少、湖泊过度开发,最终导致湖区水质下降、生态退化的趋势,严重影响了其湖泊功能的发挥。2016 年 11 月,水利部印发《退田还湖试点方案》,要求"有关省结合各自实际,抓紧组织编制退田还湖试点实施方案"。

1. 工程概况

(1)流域概况

曹家湖、垱网湖属于梁子湖流域中的鸭儿湖水系。曹家湖、垱网湖原水域面积 20.61km²;现状主要是围垦之后的藕塘、鱼池等,水域面积仅有 2.62km²,两湖中间现有南北向的一条长约 1.6km 的隔堤相阻隔。

曹家湖、垱网湖周边水体有严家湖、五四湖、栈咀湖、大头海等。曹家湖、垱网湖现状与周边水体不连通,曹家湖与严家湖之间有交通道路相阻隔,垱网湖与五四湖之间有五四湖大堤相阻隔,见图 4-4-1。

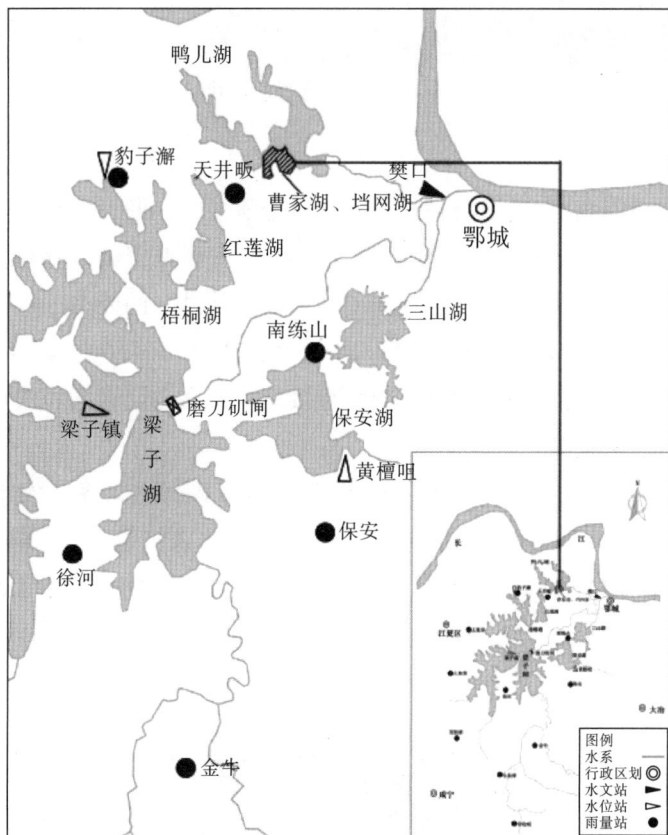

图 4-4-1　曹家湖、垱网湖位置示意图

(2)存在的主要问题

1)湖泊水域面积大幅缩减,湖泊功能减弱

1950 年以前,曹家湖、垱网湖水域广阔,原有水域面积 20.61km²,后由于 20 世纪 60 年代开始的围湖造田(鱼池),曹家湖、垱网湖湖泊面积开始急剧萎缩,现状湖泊面积仅为 2.62km²,水域萎缩近 90%,水体萎缩导致曹家湖、大洲湖多种湖泊功能也因此大为减弱,湖泊环境容量降低,生态多样性遭到破坏,同时湖区内纵横交错的圩垸,削弱了湖泊的调蓄洪水的能力,对地区防洪造成不利的影响,见图 4-4-2。

图 4-4-2　工程前湖泊现状

2)防洪排涝能力不足

由于人为的建堤围湖、分隔湖汊、开发等活动,分隔了曹家湖、挡网湖与大湖之间的自然联系,隔断了水体之间的流通,水面出现大幅度的缩减,导致曹家湖、挡网湖的多种功能也因此大为减弱。湖区内纵横交错的圩垸,削弱了湖泊的调蓄洪水的能力。挡网湖右岸,现状情况下几乎没有防洪设施,受洪水风险较高。2016 年鄂州全市普降大雨,导致上鸭儿湖水系水位陡增,洪水淹没现有曹家湖、挡网湖全部,直接威胁到靠近挡网湖的武黄高速,给当地带来了巨大的经济财产的损失。

挡网湖右岸大多是居民鱼塘、水田以及居民区,曹家湖民垸大多是农田,均靠沟渠自流排水至湖泊。同时汇水区范围内的沟渠等水利基础设施,大多建于 20 世纪 60、70 年代,年久失修,沟渠损毁、淤塞严重,造成项目区排涝能力低下,严重影响了当地居民的生产生活,见图 4-4-3。

图 4-4-3　工程前挡网湖右岸现状

3)湖泊水质恶化

曹家湖、垱网湖原水域面积广阔,湖泊自净能力较强,水质状况较好,后来由于围湖造田降低了湖泊水环境容量,同时投肥养殖、农药化肥的使用对湖泊水环境也造成了较不利的影响。

周边水系严家湖的过于开发对曹家湖、垱网湖水质也有一定的影响。1957 年后,严家湖上游先后建成葛店化工厂、建汉化工厂、武汉化工厂等企业,工业污水排入湖区。这些污水不仅污染了严家湖,也对曹家湖、垱网湖存在一定程度的污染,见图 4-4-4。

图 4-4-4 工程前现状水质

4)湖泊生态功能退化、生物多样性下降

曹家湖、垱网湖水生态系统是以水生生物和陆栖生物及其生境共同形成的湿地和水域生态系统,具有生物多样性、遗传多样性和物种稀有性等特点。然而由于湖泊围垦、水产养殖业发展等,湖泊面积大幅缩减,生态系统正面临破坏的威胁。目前,曹家湖、垱网湖水生态系统存在着以下问题:

a. 湖泊生态系统退化,生物多样性受损

在受到污染之前,湖泊水体中溶解氧丰富,水色明亮,水质清澈,整个生态体系呈现出良性循环且相对稳定的状态。在水体受到污染之后,原有的水生植被群落因缺氧和得不到光照而成片死亡,水体中其他水生动物、底栖生物的种类也随之减少,生物量降低,取而代之的是浮游植物。

b. 水生植物遭到破坏

目前,湖泊水质恶化趋势严重,沉水植物种群及数量正发生变化,浮游植物优势种正从贫营养型植物向富营养型植物转换。

c. 动物栖息地遭到破坏

由于水面面积、水量大幅缩减,导致湖泊内水生生物生存空间日益减少,导致栖息地环境变异,面临破坏。

2. 工程建设情况

(1)工程任务及建设内容

1)工程任务

本工程主要任务是防洪排涝,同时兼顾水环境、水生态的要求。即在满足防洪排涝要求下,通过退田还湖、水生态修复与水环境治理措施,使曹家湖、垱网湖成为水清、岸绿、景美的生态湖泊。

2)建设内容

a. 防洪排涝

在曹家湖、垱网湖右岸新建1处堤防(2.316km),防洪标准为20年一遇;新建排涝泵站一座,其设计标准为10年一遇,最大1日暴雨3日排至作物耐淹深度;改造螺丝经闸,对地区洪水起到一定调控作用。

b. 退田还湖

拆除曹家湖、垱网湖内部圩堤(57.03km);拆除栈咀至曹家湖港段堤防4.85km;拆除五四湖大堤(1.58km);拆除曹家湖港两岸堤防(4.60km);拆除栈咀港堤(2.80km);实现曹家湖、垱网湖与其周边水系的连通,并最终恢复湖泊水面面积,恢复后湖泊面积为13.65km²、容积4632万 m³,新增水面面积11.03km²、湖泊容积3842万 m³,增加了湖泊调蓄能力。

c. 水生态修复与保护

通过曹家湖闸拆除重建,控制严家湖对曹家湖、垱网湖水质威胁;通过湖滨带生态修复和湖泊水体生态修复,提高湖泊生境的异质性和生物多样性,恢复生态系统的合理结构、高效功能和协调关系,使其结构和功能达到稳态。

d. 水环境治理

从点源、面源、内源污染源着手,通过城市污水收集处理、城市生活垃圾处理、梯级生态塘、生态隔离沟、雨水口强化处理等措施,减少入湖污染物,使曹家湖、垱网湖主要水质指标达到Ⅲ类。

(2)工程范围

本工程为曹家湖、垱网湖分别划定湖泊蓝线与红线,蓝线范围为设计洪水位淹没范围,涵盖曹家湖、垱网湖还湖后13.65km² 湖区;根据《湖北省湖泊保护条例》,城市规划区内的湖泊设计洪水位以外不少于50m的区域划为湖泊保护区,曹家湖、垱网湖属于葛店经济技术开发区的规划范围,本次将湖泊蓝线以外50m划定为湖泊红线,红线与蓝线范围之内为湖泊保护区。

还湖后,曹家湖、垱网湖岸线长度25.98km,实现水域面积由原来的2.62km² 增加至13.65km²,湖泊容积由原来的224万 m³ 增加至816万 m³,新增水面面积11.03km²、湖泊容积592万 m³,曹家湖、垱网湖退垸还湖范围见图4-4-5。

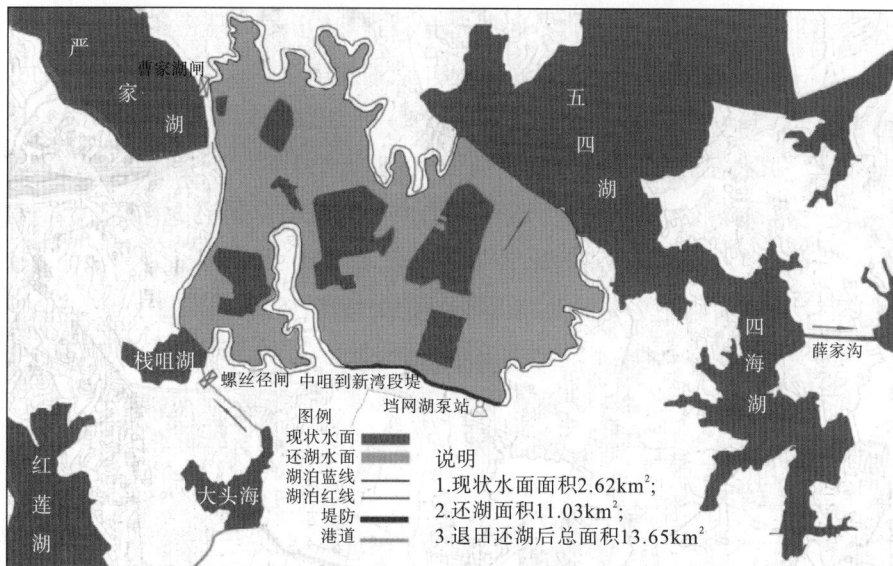

图 4-4-5　退垸还湖范围

（3）防洪排涝

1）防洪排涝标准

a. 防洪标准

曹家湖、挡网湖防洪保护范围内，人口不足 20 万，耕地不足 30 亩，根据《防洪标准》（GB 50201—2014），其防洪标准为 10～20 年一遇，根据《湖北省梁子湖水利综合治理规划报告（审定本）》（湖北省水利水电划勘测设计院，2014 年 2 月），梁子湖流域内的鸭儿湖、保安湖、三山湖及湖区内垸、河港堤防防洪标准为 20 年一遇，本工程范围属于鸭儿湖流域范围内，因此综合考虑，防洪标准取 20 年一遇。

b. 排涝标准

工程所在地属于农业区，根据《灌溉与排水工程设计规范》（GB 50288—99），排涝标准均取 10 年一遇，最大 1 日暴雨 3 日排至作物耐淹深度。

2）防洪

a. 防洪水位

《湖北省樊口二站工程可行性研究报告》中，湖北省水利规划勘察设计研究院对梁子湖流域进行了防洪排涝演算，并提出通过退田还湖、新建樊口二站等措施，使梁子湖流域整体防洪能力达到 50 年一遇，曹家湖、挡网湖是该退田还湖内容之一。根据计算结果，梁子湖流域为整体达到安全防御 50 年一遇洪水，樊口泵站外排能力需新增 150m³/s，各湖泊均达到保证水位，梁子湖达到保证水位 19.42m，鸭儿湖及三山湖到保证水位 18.04m，曹家湖、挡网湖属于鸭儿湖水系，因此，其设计水位为 18.04m。

b. 中咀至新湾段堤

曹家湖、挡网湖四周与自然高地相接，仅中咀村到新湾村段地势较低，该处原为曹家湖、垱网湖一部分,后由于开发建设,居住了较多居民,且修建了武黄高速(G50),考虑到该地区无法实现退田还湖,为保护其居民及武黄高速,本次拟建中咀到新湾段堤防。

c. 栈咀湖至大头海连通港

栈咀湖至大头海连通港是大头海排洪的主要通道,同时该港道还承担大头海、红莲湖洪水排洪任务。该港道现状淤积严重,为疏通该排洪通道,拟对该通道进行疏浚。连通港与大头海形成一个整体,为形成封闭保护圈,连通港设计水位取大头海设计水位。根据《湖北省樊口二站工程可行性研究报告》,鸭儿湖保证水位为18.04m,大头海属于鸭儿湖水系,因此其设计水位取18.04m。螺丝径闸现状过流能力15.5m³/s,其主要作用为提高鸭儿湖防洪能力。根据《湖北省樊口二站工程可行性研究报告》,梁子湖流域排涝演算最大排涝流量为364m³/s,根据面积比计算得到港道设计流量为48m³/s。

d. 螺丝径闸

螺丝径闸位于栈咀湖—大头海连通港上,是控制港道过洪的主要建筑物,承担大头海、红莲湖下泄洪水调节任务,现状过流能力仅为15.5m³/s,规模较小,且设备老旧,难以发挥正常作用。为了满足对红莲湖、大头海洪水起到调控作用,防止洪峰同时到达樊口泵站,加大其排洪压力,同时减轻洪水对下游水利工程造成冲击,此次拟对螺丝经闸进行拆除重建,设计流量取港道设计流量48m³/s。

3)排涝

垱网湖右岸将修建防洪堤一处,导致垱网湖南岸民垸涝水难以自排,为解决该问题,拟修建排涝泵站一处,其作用是将垱网湖右岸民垸(简称垱网湖泵站排区)涝水排至曹家湖、垱网湖。

4)对地区防洪形势影响分析

对流域排水系统的影响:

梁子湖流域内河港交错,湖泊众多,经过长期的不断治理,现已基本形成了上鸭儿湖(五四湖+四海湖+严家湖)、红莲池、梧桐湖、三山湖、保安湖、梁子湖等6个相对独立的湖泊排涝片,并已建成樊口泵站、樊口大闸、民信闸、东港口闸、车湾闸、三山湖闸(涂家咀闸)、东沟闸及磨刀矶闸等内防洪排水工程。

现状情况下,梁子湖、保安湖、梧桐湖、红莲池等湖泊湖水均由43km长港流入樊口站(闸)排入长江;三山湖湖水通过9km的新港流入樊口站(闸)排入长江;上鸭儿湖湖水经过11.4km的薛家沟流入樊口站(闸)排入长江。

上鸭儿湖主要汇集了严家湖、五四湖、四海湖的洪水,汇水面积312km²,20年一遇洪水总量23689万m³,50年一遇洪水总量28666万m³。

曹家湖、垱网湖是上鸭儿湖的组成部分,其主要汇集来自严家湖、大头海以及周边田港、高地的洪水,总汇水面积140km²(图4-4-6)。曹家湖、垱网湖20年一遇洪水总量约为10546万m³、50年一遇洪水总量约为13457万m³,分别占上鸭儿湖洪量的44.5%与46.9%,因此曹家湖、垱网湖对上鸭儿湖洪水具有明显的拦蓄作用。

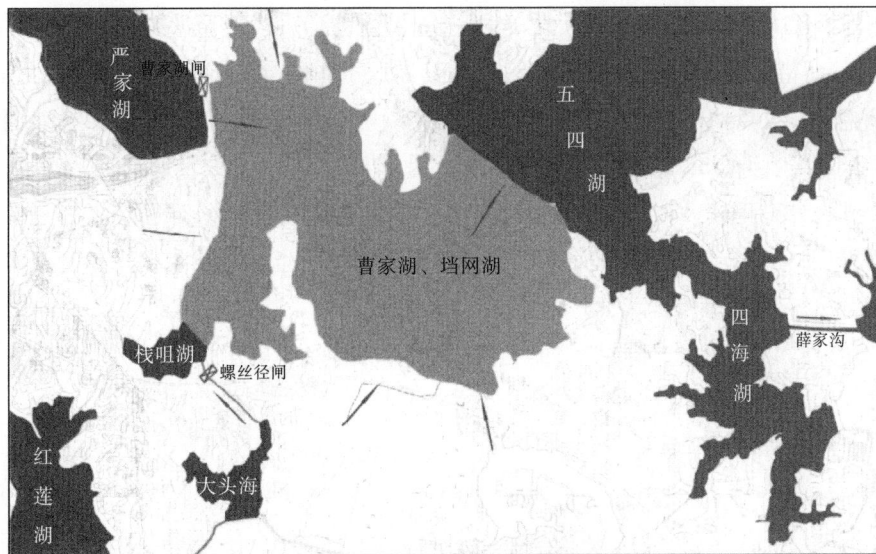

图 4-4-6　曹家湖、垱网湖排水概况

还湖后湖泊容积为 4632 万 m³，其中可用于调洪容积为 2790 万 m³，占曹家湖、垱网湖 20 年一遇洪水总量的 25.1%、50 年一遇洪水总量的 20.7%，因此曹家湖、垱网湖退田还湖对地区洪水调节具有十分积极的意义。

（4）退田还湖

曹家湖、垱网湖原有水域 20.61km²，现有水域 2.62km²，本次通过堤防拆除与湖底清淤，实现水系之间的连通，恢复曹家湖、垱网湖水面，其中曹家湖、垱网湖右岸中咀至新湾段现状居民较多，且已修建武黄高速，无法实施退田还湖（图 4-4-7），本次对该段建设堤防进行保护，其余均还湖，还湖后湖泊面积达 13.65km²、容积 816 万 m³，还湖面积 11.03km²、容积 592 万 m³。

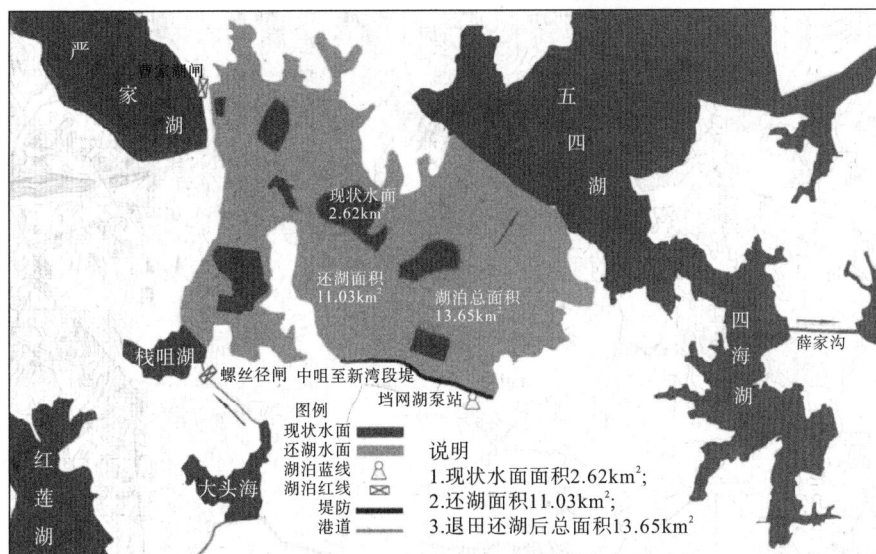

图 4-4-7　还湖范围及工程实施后项目区水系图

本工程拆除湖内围堤、五四湖大堤、栈咀至中咀段堤防、栈咀至曹家湖港段堤防以及曹家湖港堤、栈咀港右堤,实现曹家湖、垱网湖与其周边水系的自然连通。曹家湖、垱网湖内部圩堤拆除总计 57.03km,拆除栈咀至曹家湖港段堤防 4.85km;拆除曹家湖港两岸堤防 4.60km,拆除栈咀港堤 2.80km;拆除五四湖大堤 1.58km。

本项目土方工程较大,土方外运成本较大,考虑到湖泊排泥场对生态具有一定积极作用,故本次将部分土方填筑排泥场,排泥场可以作为动植物生长与栖息提供的地方。

(5)水生态修复与保护

曹家湖、垱网湖水生态修复与保护主要由曹家湖闸拆除重建、湖滨带生态修复、湖泊水体生态修复和水源涵养林建设组成。

1)曹家湖闸拆除重建

严家湖与曹家湖、垱网湖相连,20 世纪周边大量修建的化工厂,使湖泊受到严重污染,随着社会发展,化工厂虽已取缔,但污染物已沉淀在底泥之中,使严家湖水质状况不佳。严家湖现状水质为Ⅴ类,为中度富营养化水体,表现水质状况变差的现象。

严家湖湖泊范围较大,现阶段对底泥进行处理需要巨大成本,且该湖不属于本工程范围内。本工程实施后,曹家湖、垱网湖水质将得到较大改善,主要水质指标达到Ⅲ类,为防止严家湖湖水对退田还湖后的曹家湖、垱网湖水质造成威胁,需采取一定的控制性措施。严家湖与曹家湖、垱网湖之间现有曹家湖闸控制,该闸存在年久失修、设备老化等问题,本次拟原址原规模拆除重建曹家湖闸。该闸主要作用为非汛期阻止严家湖湖水进入曹家湖、垱网湖,汛期能保证严家湖洪水正常排出,其现状过流能力为 86m³/s,本次设计维持该规模。

2)湖滨带生态修复

湖滨带生态修复可以通过营造防护林来实现。曹家湖、垱网湖现状为大面积湖汊,由于人工投肥养鱼,水质恶化、生态系统受损。同时为了防治面源污染,依据面源污染物的产生和迁移机理,控制入湖面源污染物。同时,通过营造防护林,提高植被覆盖率。实践证明,植被覆盖率是影响土壤流失最为关键的因素,良好植被覆盖地面水土流失量是自然裸地土壤流失量的 1/1000。且林地凋落物数量明显减少,因此在土地整理过程中,应尽量保留地表凋落物和林下植被。另外,以林促草、推行混交林也是防止水土流失的有效措施。本次设计拟在曹家湖、垱网湖湖滨带种植油松、白杆、麻栎、香椿等乔木 20190 株、灌木 34592 株,草籽撒播 3000kg。

3)湖泊水体生态修复

湖泊水体生态修复包括湿地生境恢复与湿地生物修复。湿地生境恢复主要通过设立湖心生态浮岛实现,同时辅以曝气机设置,生态浮岛面积 0.2hm²,曝气机 20 处。湿地生物恢复的目标是通过恢复食物网中各营养级生物的种类和数量,实现恢复湿地生物多样性的目的。本次设计在曹家湖、垱网湖种植挺水植物 5.85hm²、沉水植物 60hm²、浮叶植物 1.12hm²。

4）水源涵养林建设

营造水源涵养林,通过林冠截流、根系吸收和枯枝落叶层过滤等改善和净化入湖水质,是控制面源污染的重要组成部分。本次设计拟在曹家湖、坮网湖周边区域建设水源涵养林,主要种植油松、白杆、麻栎、香椿等乔木 24975 株、灌木 28875 株。

3. 综合效益

本工程建成后具有较好的社会效益、生态效益和经济效益,由于其社会效益和环境效益难以定量化,因此本次经济评价只估算本工程建成后的经济效益,对工程产生的社会效益和生态效益只进行定性分析。

（1）社会效益

优美的湖泊自然环境和丰富的景观资源为华容区和葛店经济技术开发区旅游的游客留下美好的印象,展示了华容区和葛店经济技术开发区丰富的特色景观和城市魅力,对维护城市形象、提高城市知名度等方面具有重要的作用。曹家湖、坮网湖自然生态区是具有湿地生态保护、生态观光休闲等多功能生态型社会公益性风景区,各种绿色景观工程为曹家湖、坮网湖两岸增添一道优美的生态景观风景线,秀丽的自然景色使其成为生态旅游和休闲的胜地。

（2）生态效益

1）防洪排涝能力提高

工程实施后,将有助于提高曹家湖和坮网湖湖泊调洪能力和渠道排涝能力,保护曹家湖民垸和坮网湖左岸居民免受来自坮网湖和曹家湖的洪水威胁。

2）保护生态多样性

通过水生态修复措施,提高湖泊生境的异质性和生物多样性,恢复生态系统的合理结构、高效功能和协调关系,使其结构和功能达到稳态,水体生态环境也会得到极大的改善。

3）改善水质

通过加快曹家湖、坮网湖与外部水体交换,可提高湖泊水体自净能力;同时湿地建设进一步将水体中的污染物予以吸收净化,能有效去除氮、磷及重金属,减少湖泊有组织外源污染负荷,从根本上提高湖泊的水质状况,保护水体环境,工程区水质将达到《地表水环境质量标准》(GB 3838—2002)Ⅲ～Ⅳ类水标准。

（3）经济效益

曹家湖、坮网湖退田还湖工程的主要功能是防洪排涝和促进地区经济发展,因此本工程经济效益主要是防洪排涝效益和土地增值效益。

1）防洪排涝效益

防洪排涝效益以工程实施后减少的洪涝灾害损失作为工程效益进行估算。洪涝灾害损失的大小与暴雨的强度、历时、雨量、洪涝灾害面积和深度以及区内工农业总产值等诸多因素有关。根据曹家湖、坮网湖防洪排涝现状及历史洪涝灾害,本工程现状防洪标准为 10 年一遇,设计标准将达到 20 年一遇,按照有、无项目对比原则,本防洪工程的年平均防洪排涝直接效益为 882.55 万元,间接效益依据本项目区的实际情况,按直接效益的 25％计,为 220.64 万元,故本工程实施后可产生的多年平均防洪排涝效益约 1103.19 万元。根据地区社会经济发展情况,防洪效益的年增长率取 5％。

2)土地增值效益

土地增值效益主要指工程实施后,曹家湖、垱网湖周边因防洪安全及水环境的改善促使周边生态环境的改变,进而进行土地开发,增加土地利用价值。据调查,曹家湖、垱网湖周边区域可开发利用土地 3500 亩,土地增值价格约 70 万元/亩,则工程实施后土地一次性可获得增值效益 24.5 亿元。调查显示,曹家湖、垱网湖周边土地开发利用用途主要为商业用地(3000 亩)和住宅用地(500 亩),商业用地和住宅用地出让年限分别为 40 年和 70 年,故多年平均可获得土地增值效益为(500÷70＋3000÷40)×70＝6571 万元。

根据地区社会经济发展情况,土地增值效益的年增长率取 5％。

第五章　最严格水资源管理责任和考核

《中共中央 国务院关于加快水利改革发展的决定》(中发〔2011〕1 号)和《国务院关于实行最严格水资源管理制度的意见》(国发〔2012〕3 号)提出要"建立水资源管理责任和考核制度"。实行最严格水资源管理制度重在落实。建立责任与考核制度,是确保最严格水资源管理制度主要目标和各项任务措施落到实处的关键。

第一节　行政首长负责制

"中央 1 号文件"要求:"县级以上地方人民政府主要负责人对本行政区域水资源管理和保护工作负总责。"水资源作为制约社会经济发展的紧缺资源,实行最严格的水资源管理制度需靠各级人民政府主导,由政府组织有关部门动员社会力量有序开展。各级水行政主管部门要在政府的统一领导下,把水资源管理和监督执法工作摆在突出位置,切实加强对实行最严格的水资源管理制度的组织领导,主要领导要亲自抓、负总责,分管领导要具体抓,把水资源节约、保护和管理列入重要议事日程。要明确有关部门职责,各司其职、各负其责。

我国水资源过度开发、利用粗放、污染严重等问题一直未能有效解决,一个重要原因就是责任主体不明确,缺乏责任追究与问责制度,致使政府在水资源管理上权责不对称。"最严格的水资源管理制度"实施效果如何,关键要建立水资源管理责任制,把管理目标纳入各地、各部门、各单位经济社会发展综合评价体系、工作目标考核体系,科学分解本行政区域考核指标和监测评价指标,确定重点用水监控对象,建立工作制度,完善政策措施,制定实施方案,逐级明确责任,层层抓好落实。各级人民政府和重点用水监控单位作为政策落实的责任主体,应抓紧建立落实"三条红线"目标责任制,通过签订责任书等形式,明确具体承担单位的任务和要求,并确保实现监督考核指标和监测评价指标。

各级政府、部门在实行最严格的水资源管理制度中,要履行好以下职责。

各级政府:政府作为公共利益的代表者和水资源管理责任主体,要建立行政首长负责制,对区域水资源开发利用与节约保护负总责,把完成情况纳入各地社会经济发展综合评价体系,作为政府领导干部综合评价和相关企业负责人业绩考核的重要内容。

水利部门:负责保障水资源的合理开发、高效利用、统一管理,拟订水利发展及战略规划和政策,组织编制重要江河湖泊的流域综合规划、专业规划等重大水利规划;负责本地生活、生产经营和生态环境用水的统筹兼顾和保障。实施水资源的统一监督管理,拟订本级水中长期供求规划、水量分配方案并监督实施。组织开展水资源和水能资源调查评价工作,负责重要流域、区域以及重大调水工程的水资源调度。组织实施取水许可、水资源有偿使用制度和水资源论证、防洪论证制度。指导水利行业供水和乡镇供水工作;负责水资源保护工作,组织编制水资源保护规划,组织拟订重要江河湖泊的水功能区划并监督实施,核定水域纳污能力,提出限制排污总量建议,指导饮用水水源保护工作,指导地下水开发利用和城市规划区地下水资源管理保护工作。

宣传部门:将实行最严格的水资源管理制度列入年度宣传工作计划,纳入社会主义精神文明创建活动中,做好部署、督察;动员报刊、广播、电视、互联网等大众传媒,广泛宣传实行最严格的水资源管理制度;把握宣传口径,正确引导舆论,坚持定期宣传与经常性宣传相结合,建立宣传教育长效机制。

组织部门:将水资源管理约束性指标纳入干部考核体系。

发展和改革部门:负责节水和技改项目的立项等工作。

经济部门:督促企业进行用水改造,与水行政主管部门组织开展"节水型企业"创建活动。

教育部门:在中小学和大中专院校开展节约用水教育,将实行最严格的水资源管理制度、节水型社会建设内容纳入相关课程,配合水行政主管部门抓好"节水型学校"创建工作。

财政部门:与水行政主管部门共同研究制定对节水型社会建设的奖励政策,保证实行最严格的水资源管理制度、节水型社会建设必要的工作、项目经费。

住房和城乡建设部门:负责本部门节约用水有关工作,会同水行政主管部门落实新建、扩建、改建建设项目节水设施"三同时"(节水设施与主体工程同时设计、同时施工、同时投产)制度。

生态环境部门:负责污染源控制,加强水污染防治监督管理,及时向水行政主管部门通报有关情况。

农业农村部门:引导建立节水型农业,会同水行政主管部门开展"节水型灌区"创建活动。

文化旅游部门:发挥基层文化馆、站等宣传阵地的作用,积极组织形式多样的群众性文化文艺活动,组织文艺团体排演倡导节水观念的节目下乡巡演,开展"三条红线"管理、节水型社会建设宣传活动。

广播电影电视部门:利用广播、电视等大众传媒,大力宣传"三条红线"管理、节水型社会建设有关工作;按照宣传口径正确引导舆论,做好新闻报道、公益广告、专题栏目等,并制作播出一批相关广播影视作品。

质量技术监督部门:负责节水器具的质量技术监督,联合水行政主管部门制定用水定额标准。

总工会:在工会工作部署中,强化对职工节水教育培训,激发和调动职工在提高用水效率、节水型社会建设中的积极性。

共青团：联合教育部门注重节水教育从娃娃抓起，号召团员青年积极投身节水型社会建设创建活动。

妇联：把节水型社会建设列入妇女工作年度计划，组织或配合开展"节水型家庭""节水型社区"等活动，动员广大妇女积极投身节水型社会建设创建活动。

第二节　目标考核

2013 年 1 月 2 日，国务院办公厅印发《实行最严格水资源管理制度考核办法》（国办发〔2013〕2 号，以下简称《考核办法》）。《考核办法》的出台，是国务院为加快落实最严格水资源管理制度做出的又一重大决策。作为最严格水资源管理制度的重要配套政策性文件，《考核办法》明确了实行最严格水资源管理制度的责任主体与考核对象，明确了各省、自治区、直辖市水资源管理控制目标，明确了考核内容、考核方式、考核程序、奖惩措施等，标志着我国最严格水资源管理责任与考核制度的正式确立。《考核办法》的实施，是最严格水资源管理制度落实到位的关键措施和根本保障，必将有力促进发展方式转变，实现水资源的可持续利用，保障社会经济又好又快发展。

一、实行最严格水资源管理制度考核的对象和内容

《考核办法》明确，各省、自治区、直辖市人民政府是实行最严格水资源管理制度的责任主体，政府主要负责人对本行政区域水资源管理和保护工作负总责；国务院对各省、自治区、直辖市落实最严格水资源管理制度情况进行考核，水利部会同有关部门成立考核工作组，具体实施。

按照《考核办法》规定，考核的内容主要包括两个方面：一是各省区最严格水资源管理制度目标完成情况。《考核办法》附件 1-3 详细列出了各省、自治区、直辖市用水总量、用水效率、重要江河湖泊水功能区水质达标率控制目标。二是各省、自治区、直辖市最严格水资源管理制度建设和措施落实情况，包括用水总量控制、用水效率控制、水功能区限制纳污、水资源管理责任和考核等制度建设及相应措施落实情况。

二、组织实施

按照《考核办法》规定，考核工作与国民经济和社会发展五年规划相对应，每 5 年为一个考核期，采用年度考核和期末考核相结合的方式进行。年度考核是对各省、自治区、直辖市人民政府上年度目标完成、制度建设和措施落实情况进行考核；期末考核是对各省、自治区、直辖市人民政府 5 年考核期末目标完成、制度建设和措施落实情况进行全面考核。考核采用评分法，并划定为优秀、良好、合格、不合格 4 个等级。

三、考核程序

《考核办法》对考核程序进行了明确规定，对各个时间节点、工作方式提出了明确要求：各省、自治区、直辖市人民政府要按照《考核办法》明确的本行政区域考核期水资源管理控制目标，合理确定年度目标和工作计划，在考核期起始年3月底前报送水利部备案、抄送考核工作组其他成员单位；在每年3月底前将本地区上年度或上一考核期的自查报告上报国务院，同时抄送水利部等考核工作组成员单位；考核工作组对自查报告进行核查，对各省、自治区、直辖市进行重点抽查和现场检查，划定考核等级，形成年度或期末考核报告；水利部在每年6月底前将年度或期末考核报告上报国务院，经国务院审定后，向社会公告。

第三节　考核结果运用

明确了各相关部门的责任，还需要建立奖惩制度来保障。只有责任，没有考核或只有考核，没有奖惩，责任制就形同虚设。《考核办法》明确了考核结果的运用与奖惩措施，主要包括以下4个方面：

①将考核结果与领导干部考评紧密挂钩。年度和期末考核结果经国务院审定后，交由干部主管部门，作为对各省、自治区、直辖市人民政府主要负责人和领导班子综合考核评价的重要依据。

②对期末考核结果为优秀的省（自治区、直辖市）人民政府，国务院予以通报表扬，有关部门在相关项目安排上优先予以考虑；对在水资源节约、保护和管理中取得显著成绩的单位和个人，按照国家有关规定给予表彰奖励。

③对年度或期末考核结果不合格的省（自治区、直辖市），该省（自治区、直辖市）人民政府要在考核结果公告后一个月内，向国务院作出书面报告，提出限期整改措施，同时抄送水利部等考核工作组成员单位。整改期间，暂停该地区建设项目新增取水和入河排污口审批，暂停该地区新增主要水污染物排放建设项目环评审批。

④对整改不到位的，由监察机关依法依纪追究该地区有关责任人员的责任。

"中央1号文件"规定：考核结果交由干部主管部门，作为地方人民政府相关领导干部综合考核评价的重要依据。各级水行政主管部门经政府授权，代表本级人民政府对各地落实年度目标和任务情况进行监督检查、考核，对未完成年度目标和任务的地区，提出整改意见，责令限期整改，并将检查、考核、整改结果报本级政府和干部主管部门，对成绩突出，依照《水法》规定，由本级政府给予奖励；对问题突出仍不改正或改正不力的，追究行政、经济或法律责任。

第四节　湖北省最严格水资源管理考核实践

为解决我国当前面临的水资源短缺、水污染严重、水生态环境恶化等水安全问题,国务院自 2012 年起在全国范围实行最严格水资源管理制度,先后印发了《国务院关于实行最严格水资源管理制度的意见》(国发〔2012〕3 号)及《国务院办公厅关于实行最严格水资源管理制度考核办法的通知》(国办发〔2013〕2 号),明确提出了水资源开发利用控制红线、用水效率控制红线、水功能区限制纳污红线等"三条红线",制定下达了全国及各省 2015 年、2020年、2030 年分阶段主要目标,并规定各省、自治区、直辖市人民政府是实行最严格水资源管理制度的责任主体,政府主要负责人对本行政区域水资源管理和保护工作负总责。国务院对各省、自治区、直辖市落实最严格水资源管理制度情况进行考核,水利部会同发改委、工业和信息化部、财政部、自然资源部、生态环境部、住建部、农业和农村部、国家统计局等部门组成考核工作组,负责具体组织实施。

一、考核基本情况

自 2012 年 5 月实行最严格水资源管理制度试点以来,除 2018 年因机构改革暂停一年,最严格水资源管理制度考核都是经中共中央办公厅和国务院办公厅批准,被列入国家各年度考核工作计划,由水利部牵头组织对各省人民政府实行的唯一考核工作,考核对象为湖北省人民政府,涉及发改、财政、经信、自然资源、生态环境、住建、水利、农业农村、统计共 9 个部门。而省对各市(州)的最严格水资源管理制度考核,则在 2019 年经省委审批同意,根据湖北省委组织部关于重要工作考核的统一部署,被纳入省对各市(州)"全面推行河湖长制工作考核"。

1. 考核内容

最严格水资源管理制度考核内容包括"三条红线"目标完成情况、制度建设和措施落实情况两个方面,其中"三条红线"目标完成情况 2018 年以前包括用水总量、万元 GDP 用水量降幅、万元工业增加值用水量降幅、农田灌溉水有效利用系数、重要江河湖泊水功能区水质达标率、重要污染物总量减排量共 6 个指标,2018 年以后减少了"重要污染物总量减排量"指标。

制度建设和措施落实情况。2018 年以前包括河长制落实、取水许可与水资源论证、水资源用途管制、地下水管理和保护、用水定额和计划用水管理、农业节水和高耗水行业节水、水价改革和水资源费征管、江河水量分配及调度计划执行、水功能区划及相关管理、重要饮用水水源地安全评估、水资源管理考核共 20 多个大项 60 多个小项。2018 年以后主要为各年度重点工作,包括节约用水管理、取用水监管、水资源保护(含地下水管理)、农村供水保障、河湖管理共 5 个大项 20 个小项。

2. 考核形式

最严格水资源管理制度考核的形式在 2018 年以前主要采用各级政府自查、上报佐证材料评分、考核组现场重点抽查检查的方式进行。2018 年以后采用日常考核与终期考核相结合的方式进行,以日常考核为主。其中,日常考核主要由水利部委托长江委对各省随机抽取部分县(市),采用"四不两直""书面抽查"等方式进行检查,终期考核主要包括年底自查、重点抽查与核查。最终根据日常考核与终期考核情况进行年度考核结果评定。

二、考核取得的主要成效

自 2012 年开始试点以来,湖北省贯彻落实习近平总书记治水思路,全面建立省、市、县水资源管理"三条红线"控制指标体系,持续开展取用水监管,大力推进水资源保护,全面强化节约用水管理,深入推动河湖长制做实做细。与试点初期相比,全省用水总量得到了有效控制,用水效率显著提高,重要江河湖泊水功能区水质明显改善,制度建设和措施落实不断加强。

1. 目标完成情况

"十三五"期末,全省用水总量 278.9 亿 m³,低于国家下达的 365.91 亿 m³ 控制目标;万元 GDP 用水量在 2015 年已下降了 39.2% 的基础上,实现了再下降 30.3%;万元工业增加值用水量在 2015 年已下降了 56.8% 的基础上,实现了再下降 32.5%;农田灌溉水有效利用系数从 2015 年的 0.4999 提升至 0.528。重要江河湖泊水功能区水质达标率从 2015 年的 88.1% 提升至 93.8%。"三条红线"5 项指标考核任务圆满完成。

自 2016 年正式实行最严格水资源管理考核以来,湖北省各年度实行最严格水资源管理制度考核结果均为"良好""合格"等次,各年度均按考核目标要求完成了"三条红线"考核任务,且与试点初期相比,全省用水总量得到了有效控制,用水效率显著提高,重要江河湖泊水功能区水质明显改善,制度建设和措施落实不断加强。各年度考核"三条红线"指标完成情况分别见表 5-4-1 和图 5-4-1 至图 5-4-4。

表 5-4-1　　　　　　湖北省历年"三条红线"指标完成情况统计表

年份	用水总量(亿 m³)		万元 GDP 用水量降幅(%)		万元工业增加值用水量降幅(%)		农田灌溉水有效利用系数		重要江河湖泊水功能区水质达标率(%)	
	目标值	实际值	目标值	实际值	目标值	实际值	目标值	实际值	目标值	实际值
2016	325.59	281.97	6.0	13.1	6.0	8.75	0.5016	0.505	79.4	89.4
2017	335.67	290.26	12.0	17.2	12.0	18.75	0.5072	0.511	80.8	91.9
2018	345.75	296.87	18.0	21.2	18.0	25.00	0.5128	0.516	82.2	93.2
2019	355.83	303.15	24.0	25.3	24.0	27.50	0.5184	0.522	83.6	94.4
2020	365.91	278.90	30.0	30.3	30.0	32.50	0.5240	0.528	85.0	93.8
2021	318.0	317.63	3.4	9.0	3.4	3.90	0.5310	0.533	92.5	95.65

注:2021 年用水总量、用水效率实际值为预估值,最终以湖北省水资源公报为准。

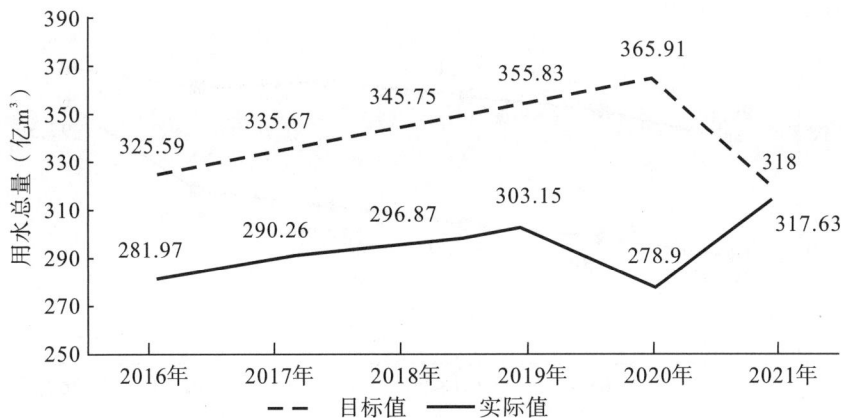

图 5-4-1 湖北省历年用水总量指标完成情况

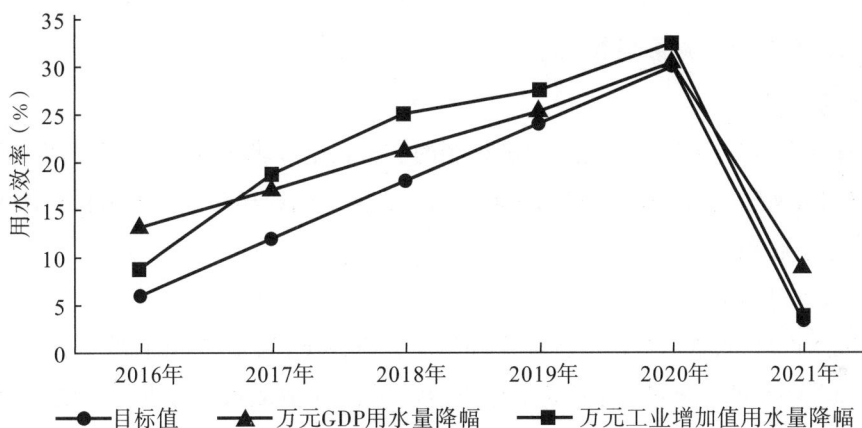

图 5-4-2 湖北省历年用水效率指标完成情况

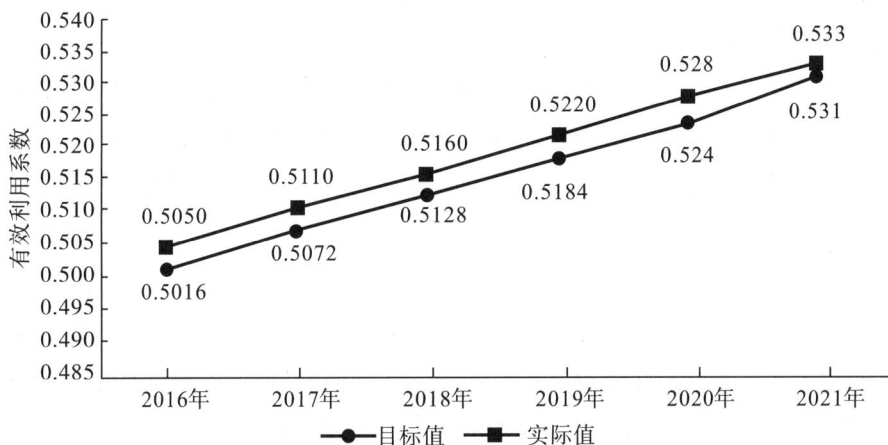

图 5-4-3 湖北省历年农田灌溉水有效利用系数

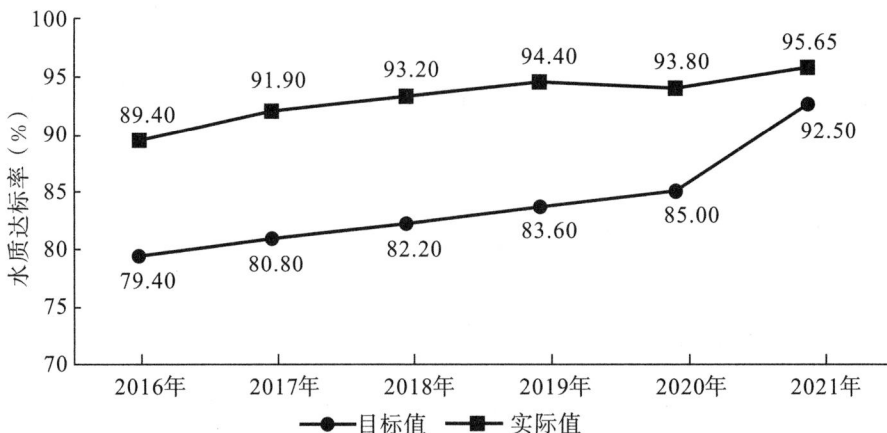

图 5-4-4 湖北省历年重要江河湖泊水功能区水质达标率情况

2. 制度建设和措施落实情况

(1)河湖长制

湖北省率先出台《关于全面推行河湖长制的实施意见》,建成省、市、县、乡四级河湖长制责任体系,实现河湖长制全覆盖,近1.3万名市、县、乡级河湖长和2.4万名村级河湖长全部进岗到位、领责履职。

(2)取水许可与水资源论证

建立取水许可、水资源论证审批事中和事后监管制度,颁布《湖北省取水许可和水资源费征收管理办法》,填补全省取水许可立法空白,简化并下放取水许可审批权限,大力推进全省大中型灌区地表水监控计量设施建设和取水许可证发放工作。全面推广应用取水许可电子证照,实现省、市、县三级取水许可电子证照发放能力。

(3)水资源用途管制

全面开展"一河一策、一湖一策"方案编制,将水功能区、入河排污口所涉及的水质达标、污染物减排等情况作为重点分析内容,制定18条跨市(州)河流水量分配方案,明确水资源配置方案。配合长江委开展跨省江河水资源调度方案及年度调度计划编制,按要求报送年度用水计划建议和调度总结。

(4)地下水管理与保护

组织开展全省地下水管控指标确定工作,明确全省各市、县地下水取用水量、水位以及各项管理指标。建成并投入使用地下水监测站215个,对已建成的全部地下水监测站进行运行维护,并对其中122个国家地下水监测站进行常规水质监测。

(5)用水定额、计划用水和节水管理

出台《湖北省节水条例》,以地方行业标准颁布了《湖北省农田灌溉用水定额》,组织开展了工业与生活用水定额修订和水产养殖、烟草种植、图书馆、博物馆用水定额编制,基本建立了覆盖主要农作物、工业产品、生活服务业的先进用水定额体系。规范用水计划管理,按规定申请、核定、调整和下达各年度用水计划,完成县域节水型社会达标建设、高效节水灌溉、节水型企业、节水型机关建设等年度目标任务。

(6)水价和水资源费

实行城镇居民阶梯水价和非居民用水超定额超计划累进加价制度,积极开展农业水价综合改革,建立农业用水精准补贴和节水奖励机制,按要求完成各年度改革任务。联合省物价局、省财政厅调整水资源费及水土保持补偿费收费标准,规范水资源费征收方式,确保科学征收、应收尽收。

(7)水功能区划及相关管理

制定各年度水功能区监测方案,逐月开展水质监测和评价。按河长制工作要求,对176个全国重要江河湖泊水功能区进行确界立碑或建立标识牌。完成61条流域面积 $1000km^2$ 以上河流划界和231个水面面积 $1km^2$ 以上湖泊划界公示。

(8)重要饮用水水源地安全评估

完成饮用水水源地保护区或保护范围划定,联合生态环境、住建、农业农村等部门积极组织开展重要饮用水水源安全保障达标建设,建立水污染事件预防及应急联动工作机制。按月向水利部报送全省重要饮用水水源地水质监测信息,配合长江水利委员会开展饮用水水源地达标情况现场调查评估,及时报送自评估报告和自评表。

(9)水资源管理考核

建立水资源消耗总量和强度双控行动目标责任制,进一步向市、县分解水资源消耗总量和强度指标,将用水效率控制指标纳入省委、省政府对地方市(州)党政领导班子综合考核评价指标体系,通过强化考核,促进水资源日常监督管理。

三、考核结果及整改措施

自2016年正式实施最严格水资源管理制度考核以来,除2018年机构改革停考一年,2016—2017年、2019—2020年,水利部根据年度考核综合评定结果,均向省人民政府印发了考核结果通报。

根据通报,湖北省各年度实行最严格水资源管理制度考核结果均为"良好""合格"等次,通报中指出湖北省主要存在以下几个方面的问题:

1. 存在的问题

(1)入河排污口方面

部分入河排污口设置未进行论证且未经相关部门同意和登记,档案和台账资料不全;葛华污水处理厂排污口未履行设置审批程序。

(2)饮用水水源保护方面

饮用水水源地未全部出台突发事件应急预案;部分饮用水水源保护区、自然保护区内有排污口;宜昌市部分饮用水水源保护区内存在使用农药、化肥等污染活动。

（3）节水法规方面

未出台省级综合性节水法规和中长期节水规划。

（4）用水定额方面

部分行业未制定用水定额和定额制定不规范;未按照《水利部办公厅关于做好省级用水定额整改工作的通知》（办节约函〔2019〕910 号）提出的用水定额评估意见完成整改。

（5）用水管理方面

湖北华电武昌热电有限公司等 11 家国家重点监控用水单位 2017 年用水计划下达不规范;宜昌市、襄阳市部分用水单位存在计划用水管理不规范和用水超定额情况;城市公共供水管网漏损率未控制在 10% 以内。

（6）取水管理方面

大型灌区及重点中型灌区中,超过 80% 未办理取水许可证;取水许可审批管理中建设项目水资源论证需进一步加强;江河流域水量分配工作明显滞后;通过国家水资源信息管理系统抽查发现,2018—2020 年存在部分取水单位超许可取水问题。

（7）水资源监控计量方面

赤壁晨鸣纸业有限公司未按要求上报监测数据;大龙潭水库水源地数据到报率少于50%,鄂州市长江水源地、黄冈市蕲水水源地数据异常情况未及时处置超过 14 天,先觉庙水库水源地数据异常情况未及时处置超过 28 天。

（8）水资源费征收管理方面

监督检查发现,部分取水单位（取水口）未缴纳水资源费。

2. 整改措施

针对国家考核组指出的湖北省各年度实行最严格水资源管理制度中存在的主要问题,省水利厅联合各考核成员单位进行了认真研究并制定了改进措施和落实方案,按照时间节点要求完成了各个问题的整改。具体整改措施如下:

（1）入河排污口方面

2018 年在全省范围内组织开展入河排污口整改提升工作,按要求完成未办理设置同意、登记或环境影响评价的规模以上入河排污口的整改,补充了相关档案和台账资料;委托长江水资源保护科学研究所编制《葛华污水处理厂入河排污口设置论证报告》,由鄂州市水务局组织对论证报告进行了审查和批复,完善了排污口设置审批程序。

（2）饮用水水源保护方面

32 个重要饮用水水源地全部出台突发事件应急预案;制定排污口整治工作方案,明确责任人、责任单位、整改措施和时限,对黄石、鄂州、黄冈市进行多次现场督办,按相关规定关停取缔饮用水水源保护区、自然保护区内排污口;宜昌市鲁家港水库所在地镇人民政府成立了以党委书记为组长的工作领导专班,制定了农业面源污染治理实施方案,通过不断调整库区周边农业种植结构,推进化肥减量增效,实施果蔬园地生草覆盖和病虫害生态防治,开展雨污分流、粪污综合利用,加大农药化肥废弃物回收处置力度,使群众饮水安全得到真正保障。

(3)节水法规方面

2021年9月29日,《湖北省节约用水条例》经省人大常委会表决通过,于2022年1月1日起施行。2022年2月21日,经湖北省人民政府同意,《湖北省节约用水"十四五"规划》由省水利厅、省发改委联合印发。

(4)用水定额方面

经湖北省人民政府授权,《湖北省农业用水定额第1部分:农田灌溉用水定额》已于2019年12月2日以湖北省地方标准(DB 42/T 1528.1—2019)发布,2020年3月2日起实施,修订作物灌溉用水定额6种、新增作物灌溉用水定额29种;完成火力发电、钢铁、石油炼制、造纸、水泥等5项主要工业行业用水定额研究报告的编制和技术审查工作,已向省市场监督局申请发布;组织梳理并核实湖北省现行用水定额中分类、名称和定额值不规范、超出国家标准等问题,对超出国家标准的部分定额值及时进行调整。

(5)用水管理方面

加强对国家重点监控用水单位的计划用水管理工作,严格按照《计划用水管理办法》有关规定,及时合理下达各年度用水计划,对重点监控用水单位用水情况进行监督检查,掌握计划用水指标执行情况,对超计划用水实施超定额累进加价制度,促进用水户科学、合理用水,提高节约用水水平;指导和督促各地结合城镇老旧小区改造,推进老旧供水管网改造,组织建立"湖北省城镇供水信息填报分析系统",及时查询掌握全省各市(县)的供水基本情况和漏损率情况,采取"双随机、一公开"以及现场调研、综合督查的方式对全省漏损控制工作进行专项督办,2021年全省城市公共供水管网漏损率达9.92%。

(6)取水管理方面

完成全省40个大型灌区及148个重点中型灌区的取水许可证发放工作;完成清江、府澴河等18条跨市(州)江河流域水量分配工作;组织各市(州)对2018—2020年涉及超许可的193个取用水户取水情况进行逐一梳理和认真核查,分类建立整改台账,明确整改时限,逐个落实整改任务及责任,每月督促各市(县)水利部门及湖北省水资源监控系统运维公司定期反馈整改进展情况,2021年底已全部整改完毕。

(7)水资源监控计量方面

对赤壁晨鸣纸业有限公司监测数据进行复核检查,及时将监控数据上传至水利部水资源信息管理系统;对大龙潭水库水源地水质在线监测站因通信设备升级改造导致的数据传输中断,将缺报数据补发至水利部;更换鄂州市长江水源地、黄冈市蕲水水源地出现故障的进口监测设备,并采购国产设备进行备用;联系运行维护人员修复损坏的先觉庙水库水源地通信设备,目前未发生长时间数据异常情况。

(8)水资源费征收管理方面

对检查发现的宜昌市猇亭区、襄阳市襄城区、谷城县取用水户开展整改督办,下达缴费通知书,并对未缴纳水资源费进行补缴,各取水单位未缴纳水资源费已全部缴纳到位。严格按照湖北省人民政府第387号令要求,定期深入取水现场,依法开展执法勘验,实地检查取水计量设施,核查实际取水量、发电量,如实核定应征数额。同时组织各级水利部门对全省水资源费征收管理进行稽查,以征管政策、征收程序、资金管理为重点,通过现场核查资料、取水单位抽查等方式,及时发现和规范水资源费征收行为。

四、考核存在的主要问题

经过3年的试点及近5年的正式实施,虽然全省最严格水资源管理制度考核工作取得了一定成效,但在考核过程中反映出考核组织体系、实施方式、结果运用、数据支撑等方面存在的问题,仍然使最严格水资源管理制度的持续推进与落实面临着困难。

1. 考核组织体系失偏

根据《考核办法》,各级人民政府为实行最严格水资源管理制度的责任主体,水利会同发改、经信、财政、国土、环保、住建、农业、统计等部门组成考核工作组,负责具体实施。实际过程中,因部门间责任分工不够明确,从自查、技术复核到现场检查、整改落实都以水利部门为主导,水利以外其他部门参与不足。

2. 考核实施方式不完善

一方面,水利部各项考核指标的设置未充分征求各省份意见并根据各省份水资源禀赋、经济社会发展等实际情况进行年度动态调整;另一方面,各年度的考核工作方案、考核细则、打分权重及标准等内容均在年末才公布,导致地方把握不好实行最严格水资源管理制度的年度工作重点,不利于相关工作落实。此外,由于考核涉及内容较广,考核过程中上、下沟通交流不够充分,特别是针对"四不两直"检查事项,各级水行政主管部门对自身考核得分及扣分详细情况不了解,不利于后续相关问题的整改落实。

3. 考核结果运用受限

水利部各年度考核结果公布时间较晚,近几年均在9—11月,与各级人民政府对下一级人民政府主要负责人和领导班子综合考核评价工作时间(一般在第一季度)不匹配,考核结果实际运用受限。同时,随着省对市(州)最严格水资源管理考核被纳入河湖长制考核,考核结果对市(州)的影响力和约束作用有所削弱。

4. 考核数据支撑不足

目前,全省水资源监控能力仍显薄弱、用水统计制度不完善,由于缺乏全面、扎实的监测或统计数据基础,部分考核指标如农业用水量、农田灌溉水有效利用系数等,主要通过典型调查和推算取得,数据的代表性和可靠性存在一定不足。

五、对策及建议

1. 强化最严格水资源管理制度的地位作用

一是进一步强化最严格水资源管理制度及考核工作的地位作用,在实施过程中升格考核工作组构成、提升考核现场检查领导层级。二是建立考核激励机制,发挥考核结果实际运用能力,对考核优秀地区采取以奖代补方式加大资金投入。三是适度细化考核结果公告内容,采取公布全部考核等次,对"三条红线"控制目标未完成地方予以点名等形式,督促落后地区正视差距、切实提高重视程度。

2. 加大考核工作的组织协调力度

进一步完善考核工作组各成员单位之间的责任分工和协作机制,按照机构改革后新的"三定方案",划定各部门在落实最严格水资源管理制度及组织实施考核工作中的主要职责和具体任务,并在考核工作实施方案中予以明确。同时,加强考核过程中与地方人民政府及有关部门的沟通,特别就地方考核得分情况、存在问题及整改意见等进行充分沟通。一方面允许各地做进一步解释说明或补充材料,使考核结果更加公正、易于接受;另一方面让各地更加清晰地认识自身问题所在,为下一步整改和进一步做好相关工作打下基础。

3. 优化考核工作方案和实施安排

一是根据实际情况进一步优化调整考核工作方案,除对"三条红线"控制目标进行持续跟踪考核外,每年根据年度工作重点选择3～5项制度建设和措施落实情况开展重点考核;五年规划期末再进行全面考核。二是进一步利用好各部门组织开展的涉水相关日常管理和专项监督检查工作成果,避免重复检查考核,多利用"四不两直""双随机"等方式核实或检查最严格水资源管理制度落实情况。

4. 加强考核基础支撑工作

一是加快推进长江流域取水口取水在线监测项目建设,进一步扩大各类取用水户监控范围,全面提升水资源监控管理信息化水平。二是建立健全用水统计调查制度,加强"三条红线"相关指标理论、方法、技术研究,为考核提供更加权威、可靠的统计数据支撑。

六、全面实施典型案例——咸宁市水生态文明城市建设试点

咸宁市位于湖北省东南部,长江中游右岸,湘、鄂、赣三省交界处,东邻赣北,南接潇湘,西望荆楚,北靠武汉。素有"湖北南大门"之称,享有"桂花、楠竹、茶叶、苎麻、温泉之乡"之

誉。现辖咸安区、通城县、通山县、嘉鱼县、崇阳县、赤壁市 6 个区(县),国土面积 10023km²,总人口 230 万。咸宁市内江河湖港纵横交错,水库众多,水系发达,咸宁北临长江,境内岸线长约 126km。市内有金水、陆水、富水及梁子湖五大流域。2013 年 7 月咸宁市被列为全国首批水生态文明建设试点城市,2014 年 6 月《咸宁市水生态文明城市建设试点实施方案》通过了湖北省人民政府批复。根据批复的实施方案,2014—2016 年,咸宁市围绕建立健康的水生态体系、完备的水安全体系、严格的水管理体系、先进的水文化体系四大建设任务,积极开展水生态文明城市建设试点工作,各项试点任务圆满完成,35 个考核指标均达到要求,12 个示范工程提前完成,取得了较好的社会效益、生态效益和经济效益。

1. 实施情况

根据实施方案,咸宁市水生态文明建设试点主要任务是建设健康的水生态体系、完备的水安全体系、严格的水管理体系和先进的水文化体系,包含 14 大类 53 项具体任务。试点期间,咸宁市严格按照《咸宁市水生态文明建设试点实施方案》要求,圆满完成了各项建设任务。

(1)健康的水生态体系建设

1)斧头湖、西凉湖水生态修复工程

湖北省人民政府批复的《湖北省斧头湖、西凉湖及鲁湖水利综合治理规划》,明确综合治理的主要任务包括:按标准加高加固湖堤和垸堤,改造湖泊外排闸站和内垸排涝闸站,对主要入湖河流和出湖支流进行综合治理;开展引水工程、两湖连通工程、长江引水工程和提水泵站更新改造等水资源配置工程,满足城市生产用水和河湖生态用水需求;实施入湖污染源全面控制,开展河道水系治理、底泥污染控制、生态引调水、岸线控制等水生态保护与修复措施,加强水土流失综合治理等。

2)黄盖湖水生态修复工程

环保部、发改委、财政部等联合印发的《水质较好湖泊生态环境保护总体规划(2013—2020 年)》,将黄盖湖纳入水质较好湖泊范围内。咸宁市和赤壁市分别编写了《黄盖湖综合治理规划报告》和《黄盖湖湖泊保护规划》,具体修复措施包括:维持生态水位、恢复生态通道、建立生态调度制度、加强湖区综合管理和研究监测等。

3)金水流域水生态保护与修复工程

咸宁市编制完成了《湖北省咸宁市淦河流域水生态保护与修复规划》,淦河作为金水上游主干,现阶段水生态保护与修复主要内容包括生态蓄水工程、生态护坡、河底清淤、水生植物重建、水生动物恢复以及生态河床构建等。

4)陆水流域水生态保护与修复工程

咸宁市编写的《陆水流域水生态系统保护与修复规划》,工作范围涉及通城县、崇阳县、赤壁市和嘉鱼县,分别从上游(通城段)、中游(崇阳段)和下游(赤壁段、嘉鱼段)实施生态保护与修复工程。

5)咸安区中小河流治理重点县综合治理及水系连通工程

咸宁市累计投入中小河流治理 2.62 亿元,开展了 10 个中小河流治理项目和 4 个中小河流治理水系连通项目,争取建设大畈陈、王畈、牛鼻潭、湄港和九宫河等 5 处拦河闸。咸宁市发布的《咸宁市咸安区中小河流治理重点县综合整治及水系连通试点工程规划》,将汀泗、向阳湖、桂花、马桥、官埠、浮山办、大幕、高桥、双溪、横沟、贺胜 11 个乡镇及办事处纳入整治范围。

(2)控源截污行动

1)工业污染治理工程

按照《水污染防治行动计划》要求,形成"政府统领、企业施治、市场驱动、公众参与"的水污染防治新机制,采取关停污染企业和加强工业废污水处理的措施,继续开展改善河湖水环境质量状况的专项行动。

2)城镇生活污水处理工程

大力推进城镇生活污水处理设施建设,城市(县城)均建成城市生活污水处理厂并全部实现稳定运营,对城区污水管网进行改造,完善城市污水收集系统,生活污水处理率达到 85%以上。稳步推进乡镇污水处理厂建设。

3)连片村庄环境综合整治工程

对咸安区周边 157 个村庄进行了农村环境综合整治。投入 1.07 亿元对咸宁城市周边 83 个村庄进行了农村环境综合整治,并通过了省政府组织的验收。

4)生态农业工程

根据《咸宁市水生态文明城市建设试点实施方案》及咸宁市水生态文明城市建设试点工作任务分工及有关事项的通知(咸水生态办〔2014〕1 号)要求,对农田污染、畜禽养殖和水厂养殖等方面进行控制与治理。

(3)水源地保护行动

1)陆水水库水源地安全保障达标建设工程

根据《陆水水库安全保障达标建设示范建议方案》,主要实施陆水水库水源地安全保障达标建设工程、淦河马桥饮用水水源地环境保护工程以及其他重要饮用水水源地保护工程。

2)淦河马桥饮用水水源地环境保护工程

编制《咸宁市淦河综合治理规划》,涉及水利方面投资 4.91 亿元。其主要建设内容为河道治理工程(包括河道疏挖、岸坡整治、堤身加固、排涝涵闸泵站、防洪墙建设)、淦河生态河道修复及生态蓄水工程、城市河网水系连通工程及城区支流整治等。

3)其他重要水源地保护工程

实施潘家湾重要饮用水水源地保护工程,保障居民引水安全。长江潘家湾水源地保护区内存在的中石化油码头已停运。市环境保护监测站每月对长江潘家湾水源地开展 62 项水质分析,每年开展一次 109 项水质全分析监测。根据水源地情况,综合考虑社会、经济、维护稳定等各方面因素,决定对咸宁市长江潘家湾水源地进行重新选址迁建。实施青山水库重要饮用水水源地保护工程,改善饮用水水质。湖北省水利厅对《湖北省崇阳县青山河青山镇段河流治理工程初步设计》进行了批复。

(4)水土保持行动

1)重点项目区水土保持工程

咸宁市水土流失综合治理项目共完成投资 8600 万元,共治理水土流失面积 140km²。咸宁市水土流失治理程度由 2012 年的 53.8%提升到 2016 年的 63.0%,提升了 9.2 个百分点。

2)坡耕地综合整治工程

根据《咸宁市水生态文明城市建设试点验收工作方案》,设计坡耕地治理工程包括崇阳县坡耕地综合整治工程和通城县坡耕地治理工程。

3)崩岗治理工程

根据《省发展改革委关于湖北省通城县塘湖、马港崩岗治理工程实施方案的批复》和《关于通城县隽水、北港崩岗治理工程 2015 年度实施方案的批复》要求,治理区域包括咸宁市通城、崇阳、通山三县。

4)石漠化综合治理工程

咸宁市通山、崇阳、通城、赤壁 4 县(市)被列入全省 15 个重点县石漠化治理名单。

5)植树造林工程

咸宁市完成人工造林 121.48 万亩,累计完成封山育林 80.70 万亩、中幼林抚育 182.54 万亩,全面超额完成年度造林计划。

(5)湿地保护工程

1)斧头湖湿地保护工程

对划入向阳湖国家湿地公园范围内 5952hm² 湿地进行了勘界和立标,立界碑 30 个。2015 年咸安区将斧头湖在本市所辖区域成功申报为开展向阳湖国家湿地公园试点。

2)黄盖湖湿地保护工程

将黄盖湖纳入环保部、发改委、财政部联合印发的《水质较好湖泊生态环境保护总体规划(2013—2020 年)》范围。措施包括水环境保护、天然湿地恢复、科研监测和湿地保护管理等。

3)西凉湖湿地保护工程

将西凉湖纳入环保部、发改委、财政部联合印发的《水质较好湖泊生态环境保护总体规划(2013—2020 年)》范围。

4）大洲湖（河背）湿地保护工程

编制《咸宁市大洲湖（河背）水生态修复工程区域控制性详细规划》。

5）实施梁子湖湿地保护工程

实施咸宁市双溪桥镇双溪村、杨堡村、郑良村和大幕乡泉山口村水生植物带、生态防护林等工程，加强对咸安区梁子湖湿地的保护。

2. 完备的水安全体系建设

（1）防洪排涝治理行动

1）流域防洪工程

完善金水流域防洪工程，保障流域防洪安全。金水上中游干流就是淦河，金水流域包含淦河流域全部区域。按照"上拦洪、中畅洪、下治湖"的防洪总体布局要求，完成了南川水库除险加固工作。

2）区域河道治理工程

重点中小河流治理。通过河道清淤疏浚，堤防加固，岸坡护砌，新建、改扩建涵闸等方式完成重点中小河流治理，显著提高了当地防洪能力。本项目完成后列入国家、省级专项规划的 19 项中小河流治理工程。其他中小河流治理按照《咸宁市咸安区中小河流治理重点县综合整治及水系连通试点工程规划》，对北洪、汀泗、横沟、双溪、柏墩、淦河上游、高桥河上游、龙潭、渠首、黄水、余花 11 个河道进行项目治理。

3）城市防洪排涝工程

编制咸宁市城市防洪排涝规划。编制了《咸宁市防洪排涝工程规划初步方案》《咸宁市城市防洪排涝建设实施方案》，新建及加固堤防共计 47.906km，除险加固大（2）型水库 1 座。新建和改造城市排涝主管网 69.7km、次管道 30.3km；新建排涝泵站 9 座，新建和改造排涝涵闸 2 座；涵管及渠道清淤 4.33km；新建闸坝和滚水坝。

4）咸宁市城区排涝工程

编制了《咸宁市城区排水专项规划》，逐步完善排水管网设施，对沿河排水闸进行合理处置，疏通城区排水管道 20km，改造雨污合流管道 7km。在城区淦河上游新建人工湖、在杨下河支流新建垅口水库、龙潭河上游建龙潭水库。

（2）供水安全行动

1）调配区域水资源工程

咸宁市水系连通及水资源配置工程。以淦河水生态修复保护与水系连通工程、龙潭河水系连通工程、永安城区河湖水系连通工程、赤壁陆水赤马港下游段水系连通工程、通城县河库水系连通工程、嘉鱼县西南丘港水系连通工程和通山县夏铺河、湄港河、通羊河水系连通工程与崇阳县大中小型水库水系连通工程为基础，修订咸宁市水资源供需分析与配置规划，制定了《咸宁市水资源配置方案》和《咸宁市水资源行业配置方案》，统筹过境水、地表水、地下水的使用。

2）阶梯水价制度

为抑制不合理的用水增长需求，咸宁市下发了《关于实行用水超计划超定格累进加价制度的通知》，明确对非居民用水超计划超定格累进加价制度，同时农业采取核发农业取水许可证的方式建立农业水权制度。

3）饮用水水源地建设工程

开展饮用水水源地安全保障达标建设。开展饮用水水源地安全保障达标建设，对陆水水库、王英水库、南川水库、潘家湾水库开展了饮用水水源地安全保障达标建设。

4）开展应急备用水源地和应急系统建设

建立了集中式饮用水水源地安全保障体系，将淦河及南川水库作为城市应急备用水源，尽量减少取水，优先利用长江或周边地区的水资源。减少取用淦河及南川水库水资源，可以增加淦河生态流量，提高水流自净能力，改善水质，更好地保护水流和维持河湖健康。

5）城乡供水建设工程

水库供水工程建设。咸安区王英大型水库及垅口、水口等8座小型水库供水工程，以供水配套工程为重点建设；嘉鱼县仙人洞水库供水水源工程，以大坝主体工程及配套设施为重点建设；通山县黄荆口水库、小湄港水库，赤壁市天垄坪水库、里边冲水库，通城县小坳水库供水水源工程，均以大坝主体工程及输水设施为重点建设。逐步实施县级及其以上城镇主城区多水源联合调度，制定与完善供水应急预案。

6）农村饮水安全工程

完成咸安区双溪镇中心水厂提升改造工程、高桥水厂提升改造工程、横沟思源水厂管网延伸工程、咸宁联合水务公司管网延伸工程、向阳湖水厂管网延伸工程、通山县自来水厂管网延伸工程、厦铺水厂建设工程、南林桥镇港路水厂建设工程、杨芳水厂株林片管网延伸工程、洪港水厂改扩建工程、嘉鱼县官桥镇、高铁岭镇改扩建工程和咸安区32处单村分散供水工程建设。

7）产业结构调整工程

借力水系连通，调整西凉湖、斧头湖两湖工业产业结构。借助嘉鱼县三湖连江水系连通水库工程，打造临港新城。临港新城建成后，西凉湖、斧头湖区域工业将搬迁至临港新城，西凉湖、斧头湖区域将布置绿色工业产业。严格保护区内污染物减排及清洁生产审核。对崇阳金昌造纸业有限公司、咸宁南玻玻璃有限公司、立邦涂漆（湖北）有限公司、武汉椿岭科技有限公司等企业加强污染物排放许可，实施强制性清洁生产审核。

8）节水工程

一是成立全市节水型社会建设领导小组，开展公共机构节水工作。咸宁市政府成立了全市节水型社会建设领导小组,制定了《咸宁市城市节约用水管理办法》。组织开展公共机构节水型单位创建工作,把建设节水型单位作为公共机构节水工作的重要内容,建成一批"制度完善、宣传到位、设施完善、用水高效"的节水型单位,发挥公共机构的示范带头作用。二是开展节水型社会建设,示范效果显著。咸安区开展节水型社会建设,制定了《咸安区关于农田水利产权制度和管理体制改革实施方案》,积极开展农民用水户协会规范化建设,巩固农业水价综合改革试点成果。区内企事业单位、大中型企业、学校和生活小区等公共机构和公共场所洗手间等用水场所安装了节水型水龙头等节水器具,晨鸣纸业等12家工业用水大户开展了水平衡测试。咸安区城镇生活节水器具普及率达到99%。三是大力推进灌区节水改造工程。咸宁市已完成大型、重点中型灌区续建配套与节水改造项目3.9405亿元,已完成陆水灌区和三湖连江灌区2处大型灌区和咸安区的南川灌区、双石灌区,赤壁市的双黄灌区,通城的云阁龙灌区、左港灌区、东冲灌区、百丈潭灌区,崇阳的青山灌区、香石灌区、台山灌区,通山的石雨塘灌区等11个中型灌区节水灌溉改造工程。

9)非常规水利用工程

完善现有污水处理厂配套管网建设,积极推进雨污分流,雨水资源化工程。制定《咸宁市乡镇生活污水处理设施建设专项奖励资金管理暂行办法》,建设永安污水处理厂和温泉污水处理厂咸宁西、南外环污水管水网和垃圾焚烧发电厂至永安污水处理厂污水输送管网。2016年,咸宁市累计处理污水2674.9万t,平均日处理污水7.3万t,污水处理率为93.8%,利用雨水5000万m^3。大力推进企业中水回用。在咸安区天源纺织、宝塔麻业等企业实施再生水利用项目,大力推进农业、工业园区、重点企业、污水处理厂中水回用工程。试点期间,累计回用再生水6000万m^3。

3. 严格的水管理体系建设

(1)法制建设行动

1)法规建设工程

制定考核办法,落实最严格的水资源管理制度。对各县(市、区)实行最严格水资源管理制度开展了年度考核工作,考核情况进行了社会公告,考核结果已纳入地方人民政府主要领导综合考核评价体系。制定相关法律法规,完善水政策法规和制度体系。出台《关于加强节约用水工作的通知》(咸节水函〔2015〕1号)、《咸宁市湖泊保护行政首长年度目标考核办法(试行)》(咸政办发〔2015〕63号)、《咸宁市饮用水水源突发污染事件应急预案》(咸政发〔2015〕5号)等相关规范性材料以及《关于实行用水超计划定额累进加价制度的通知》和《关于加强农业取水许可管理工作通知》等。

2)执法能力建设工程

推进执法体制改革,加强员工教育,提高执法能力。2015年咸宁市水务局内设机构"水政水资源科"更名为"政策法规和水资源科"。全面启动水利"七五"普法工作,完善干部职工学法制度,深化"法律六进"活动。在市水务局内部多次组织依法行政专题知识讲座。多部门联合执法,加强执法能力。咸宁市水政监察支队、嘉鱼县水政监察大队频频联手连续开展联合执法行动。严厉打击长江咸宁段河道非法采砂行为,确保咸宁市江段有序、可控。切实提升依法治水管水能力,严格执行重大执法决定法制审核制度,开展行政执法监督检查,落实"两法衔接"工作。加大水事违法行为查处力度,开展联合执法,加强重点水事违法案件督办、水行政执法专项检查,严格河道采砂管理。

(2)最严格的水资源管理建设行动

1)用水总量控制管理工程

编制和完善市、县水资源综合规划,开展节水型单位创建活动。针对存在的问题,研究制定水资源开发方案、开发和保护的原则与目标,科学制定防洪减灾、水资源综合利用、水生态与水环境保护、水资源调度与管理等规划方案,提出城市供水、农业灌溉、河湖库整治、水资源保护、水土保持等专业规划的总体布局,编制了《咸宁市水资源开发利用综合规划》。开展节水型单位创建活动。加强水资源论证制度,严格取水管理。对辖区内相关规划和重大项目开展水资源论证工作。对本辖区已审批、核准、备案的涉水建设项目开展水资源论证工作。建立用水指标体系,完成用水指标分解工作。市政府出台了关于实行最严格水资源管理制度的实施意见、实施方案和考核办法,将省里分配给咸宁市的用水总量指标分解到各县(市、区),建立市、县两级行政区域取用水总量控制指标体系,完成了县级行政区用水问题指标分解工作。要求各地按计划及相关管理制度要求认真落实。开展取水许可规范化管理,建立取水许可台账系统。全市116家取水户取水信息已经全部录入系统。严格建设项目取水许可申请、审批和监管,建立取水户信息档案,贯彻落实取水许可和水资源费征收管理办法。严格水资源费征收、管理和使用,禁止侵占、截留、挪用水资源费。严格实行超计划或超定额取水累进征收水资源费制度。完善地下水管理相关制度,严格地下水开采。市政府专门出台《咸宁市地热资源管理实施办法》。已关停了市卫校、省第四地质大队等4家取水单位5口自备水井。加强水资源统一调度,实现水资源优化配置。全市各类水库和重点湖泊均制定了防汛抗旱应急预案,强化了水资源统一调度管理,区域水资源高度服从流域水资源调度的原则得到落实。咸安区按照淦河流域水资源统一调度管理要求,加强了南川水库、四门楼水库水资源的统一调度,确保了度汛安全,实现了水资源优化配置,促进了流域水资源可持续利用。

2)用水效率控制管理工程

实行城市居民阶梯水价制度,推广节水技术。明确城区居民生活用水水价分为3级,级差1:1.5:2,每户每月用水量的第一级基数为20m³(含20m³),价格为1.5元/m³,第二级水量基数为20~25m³(含25m³),价格为2.25元/m³,第三级水量基数为25m³以上,价格为 3 元/m³。严格取水管理,强化计划用水管理。根据用水定额科学确定取水单位取水量和用水计划,各取用水单位年度内未出现超过取水许可和计划用水控制水量现象。实行计划用水管理,对市、县两级颁发取水许可证的 92 家非水力发电取水单位下达了 1.0379 亿 m³ 的用水计划。加快公共供水管网改造,推进节水型社会建设。始终坚持节水优先,安装节水型水龙头等节水器具;无生产用水,主要用水为生活及办公用水,生活用水没有包费制;新建、改建、扩建项目时坚决执行节水"三同时"制度;定期开展水平衡测试工作。

3)严格水功能区纳污控制管理工程

开展水功能区区划,加强水功能区监督管理。根据水利部水功能区划相关规范和文件,完成了咸宁市水功能区划,开展水功能区监测、监督管理工作,对水功能区管理情况及时进行了通报。强化饮用水水源地保护,保障饮用水水源安全。依法划定了饮用水水源地保护区。县级以上城市主供水水源地保护区内无排污口,一级保护区内无与取水设施和保护水源无关的新建、改建、扩建项目,二级保护区内无排放污染物的新建、改建、扩建项目,保护区内无从事网箱养殖、旅游垂钓等活动。出台了《咸宁市饮用水水源地保护工作实施方案》,并安排专项财政资金开展了水源地保护建设工作。制定了《咸宁市饮用水水源突发污染事件应急预案》。加强地表水质监测,保障河湖水质安全。2016 年,境内地表水质监测河段总长 404.84km,全年期Ⅰ类水 100.1km,全年期Ⅱ类水 228.7km,Ⅲ类水 75.6km;境内 5 座监测的水库均达到水功能区目标水质,境内 5 座水库营养化的评价为中营养;境内 5 个湖泊的水质西凉湖全年期达标,斧头湖、蜜泉湖和大岩湖水质不容乐观,主要超标项为总磷、五日生化需氧量,营养化评价仅有西凉湖为中营养,斧头湖、大岩湖和蜜泉湖为轻度富营养;境内的 4 个饮用水水源地全年期水质均符合Ⅲ类水质标准,达标率为 100%;全市监测评价的 37 个水功能区按全因子评价达标率为 78.4%,按双因子评价达标率为 100%。加强筑水建筑物建设,维护水面控制率。建设拦河蓄水枢纽、陆生植物带建设、水生物带、道路和排水工程,建设湿地公园 4 座,其中省级湿地公园或保护区 2 座。重点保护建设现有湿地,完成保护与恢复湿地 47.63 万亩的发展目标;以河道清淤工程和河道生态护坡建设工程为重点,保护与修复河湖 1 万亩。以湖泊防洪工程、湖泊水环境与水生态保护工程为重点,建污水处理厂、截污工程、防洪通道建设,实施湖泊生态保护与修复工程。采取水源保护、生态河道、生态护岸、滨水景观等措施,实施淦河、陆水、通山河、龙潭河、斧头湖、西凉湖、黄盖湖、大洲湖等重要河湖水生态修复工程。

4)水资源管理目标责任与考核机制建设工程

建立水资源管理责任和考核制度。市政府对各县(市、区)实行最严格水资源管理制度开展了年度考核工作,考核情况进行了社会公告,考核结果已纳入地方人民政府主要领导综合考核评价体系。

（3）水管理能力建设行动

1）水管理基础能力建设工程

加强水资源监控体系建设，完善水资源管理信息系统。实现对咸宁市全部颁证的工业、生活用水户80％以上取水量的在线监测、典型重点中型灌区农业取用水的在线监测、跨界重要河流的水量监测。

2）水资源管理体制改革工程

深化"三位一体"水资源管理体制改革。在水务一体化改革方面，市级水行政主管部门已于2010年更名为水务局，水资源统一管理机制已形成。在流域管理体制上，淦河流域已成立淦河流域管理局，行使流域管理职能。各县（市、区）水利局正在加快水务一体化改革。2015年咸宁市水务局内设机构"水政水资源科"更名为"政策法规和水资源科"。市、县两级水行政主管部门均内设有水资源科（股），配有专职人员。市、县两级均成立了最严格水资源管理制度领导小组。完善阶梯水价机制。明确城区居民生活用水水价分为3级，级差1：1.5：2，每户每月用水量的第一级基数为20m³（含20m³），价格为1.5元/m³，第二级水量基数为20～25m³（含25m³），价格为2.25元/m³，第三级水量基数为25m³以上，价格为3元/m³。

（4）地热资源开发利用与保护

着力推进赤壁龙佑温泉度假区二期、五龙山温泉度假区、山湖温泉度假区二期、浪口温泉度假区二期与温泉小镇建设等重点温泉开发利用项目。为落实地热资源保护工作，建立丰富的地热指标数据库，投资近1000万元启动了咸宁市区地热水自动监测监控系统建设，实现了对实时温度、开采量和动态静态水位监测，单、群井动态数据分析和电动阀远程控制，GPRS定点坐标控制，集全天全角度视频监控与喊话等功能于一体。

4．先进的水文化体系建设

（1）水生态文明意识培育行动

1）将水生态文明教育活动列入精神文明建设工作年度安排

一是大力开展生态文明宣传教育活动，以倡导文明言行、改善城乡环境、维护公共秩序、提高服务质量为重点，深入开展城乡环境清洁行动，大力提升了文明咸宁形象；二是将水生态文明内容纳入各教育体系和教学计划；三是将各类媒体作为开展水生态文明宣传教育的重要平台。

2）推进水生态文明方式

一是深入开展环保知识进机关、进学校、进社区、进企业、进农村"五进"活动；二是倡导居民家庭绿色消费。"绿色咸宁是我家，人人都来爱护她"逐步成为全体市民的共识。

3）开展水生态文明创建活动

水生态文明创建是生态文明建设的重要组成部分。咸宁市政府牵头，把水生态文明创建工作纳入年度工作目标责任考核范围，严格落实工作责任，争当生态文明的先行者。

4)提升水生态文明科技创新能力

联合国家、省有关重点科研单位和高校,重点就基于水情的城市发展空间布局优化、河湖水生态健康状况评估与保护策略等水生态文明建设的重大理论和科学技术问题开展研究,为水生态文明建设提供有效的科技支撑。

(2)水文化保护与传承行动

1)水文化古迹保护

近年来,咸宁市水务局加大水文化遗产保护力度,通过积极争取上级相关部门支持,对汀泗桥、高桥、下舒桥、石枧堰等进行维护维修。2016年赤壁摩崖石刻被国家发改委、国家文物局纳入2016年度文物保护利用设施建设中央投资计划。

2)特色文化传承

咸宁历史悠久,文化厚重,是茶马古道文化的发源地之一,也是三国文化的重要发生地,有三国赤壁古战场、温泉生态旅游新城、九宫山、陆水湖、隐水洞等著名旅游景点。咸宁市已成功举办七届国际温泉文化旅游节。2014年以来,温泉特色旅游文化产业投入每年超过10亿元。市旅游局邀请专家编写完成《咸宁旅游故事》《咸宁导游词》《咸宁味道》等读本,提升了城市旅游价值。

(3)生态亲水休闲系统建设行动

1)建设永安阁文化公园

为了传承咸宁优秀历史水文化,同时为市民提供生态亲水休闲空间,拟在淦河和龙潭河交汇处建设永安阁文化公园,建设仿古建筑群,主要由龙潭古桥修复、永安阁、茶文化博物馆、三元书院、龙王庙及道路、广场绿化配套附属设施等组成。

2)打造金水、陆水两条生态走廊

金水流域地处湖北省内的江汉平原东部,西北临长江,东南接幕阜山余脉。金水流域生态走廊项目工作范围主要包括淦河流域、斧头湖和西凉湖。2011年在全省率先启动了淦河水生态保护与修复工程。咸宁市区河道22km已基本得到治理,淦河双鹤桥段工程生态景观工程还被建设部评为中国人居范例奖。城区淦河双鹤桥段治理工程荣获中国人居环境建设范例奖。经过淦河流域水生态保护与修复工程、城市防洪工程、河道生态蓄水工程、中小河流治理工程、河道清淤疏浚工程、河岸景观工程等系列建设,提高了城市防洪能力,改善了水质,修复了水生态,提升了城市品位,现已成为咸宁风景名片。咸宁市已成功申报赤壁陆水湖、通城大溪、崇阳青山水库、咸安向阳湖、通山富水湖等5个国家湿地公园。

5. 取得的成效

(1)生态效益

1)咸宁市的水环境质量得以全面改善

实施水生态文明建设以来,全市水环境质量稳中有升。8个县级以上城市集中式饮用水水源地水质 100％达标；地下水质量考核点位麻塘水厂水质保持良好；纳入《湖北省长江流域跨界断面水质考核办法》的 4 个跨界断面水质达标率 100％；纳入《湖北省水污染防治行动计划工作方案》的 5 个地表水考核断面水质达标率为 80％，斧头湖咸宁湖心水质 2016 年 1—2 月总磷和高锰酸盐指数超标为Ⅲ类，从 3 月起各指标月均值为Ⅱ类，9 月起高锰酸盐指数平均值达标，至 12 月总磷年均值(0.0255mg/L，超标 2％倍)仍为Ⅲ类。

2)咸宁市水生态环境得以有效保护

实施水生态文明建设以来，咸宁市加强对重要生态保护区、水源涵养区、江河源头区和湿地的保护，综合运用调水引流、截污治污、河湖清淤、生物控制等措施，推进生态脆弱河湖和地区的水生态修复。

3)咸宁市的生态景观资源得以充分展现

咸宁市出台了绿色崛起发展规划，主体功能区和生态红线保护规划加快实施。通城、通山被纳入国家重点生态功能区。生态环境综合指数居全省前列。

(2)社会效益

1)城区用水安全得到了保障

试点期间，通过防洪抗旱减灾工程体系建设，进一步完善了长江防洪体系，形成了较为完整的防洪保护圈；全市中小型病险水库基本得到整治，新出险中小型水库基本得到整治；流域面积大于 200km² 的中小河流防洪标准基本达到 10～20 年一遇，有效缓解了防洪区内居民对洪涝灾害的后顾之忧，为人民群众创造安居乐业的氛围和外部环境，保障经济社会发展的成果尽可能不受损失；重点湖泊和骨干排水渠道的防洪能力大大提高；全市山洪综合防治能力明显提高。咸安区水功能区主要水质达标率达到 82％，使城乡居民生活饮用水得到保障。重点地区水生态修复规划实施后，改善了部分城区的排水条件，提高城市防洪能力，改善和美化城区环境，为人民提供休闲娱乐的场所，提高人民生活质量，产生良好的社会效益。

2)创建了水生态文明建设的典型和示范

水生态文明建设是全面贯彻党的十八大关于生态文明建设的战略部署，2015 年全市用水量为 13.88 亿 m³；万元工业增加值用水量为 94.6m³/万元，均小于年度控制目标；水功能区水质达标率年度控制目标为 82％，实际为 96.6％，全面完成了 2015 年省政府下达咸宁市的"三条红线"管理控制目标任务。"十二五"期间全市完成大中型灌区续建配套与节水改造项目节灌率从 13.91％提高到 22.96％，灌溉水利用系数从 0.45 提高到 0.52，年节水量达 1.41 亿 m³。

3)居民水资源节约保护与水生态文明意识大幅提高

试点期间，咸宁市采取多种方式，着力提升全市不同单位、组织和个人的水资源节约保护与水生态文明意识水平。通过多种试点措施与宣传，试点期末公众对"水生态文明市"创建的认知度大幅提升，城区生活节水器具普及率达到 100％，工业废水达标排放率达到

100%,有效普及和推广了水资源节约与保护、爱护水生生物等节水减污与生态保护的理念,推广了水生态文明建设理念。

(3)经济效益

1)促进了咸宁市旅游业发展

咸宁市具有丰富的旅游资源。通过水生态文明建设,改善了河(湖)堤、涵闸、泵站、道路、桥梁等基础设施条件,水体、公路、园林等各方面开发了生态景观资源,促进生态旅游发展;2014—2016年投资近1000万元启动了咸宁市区地热水自动监测监控系统建设,实现了对实时温度、开采量和动态静态水位等多功能于一体的检测,并逐步完善地热资源管理体系建设。旅游经济指标迈入全省第一方阵。获得中国驰名商标17件、国家地理标志商标15件。

2)为咸宁市经济社会发展提供了条件

通过水生态文明建设,初步形成集"防洪、供水、生态、环境"安全于一体的和谐水域系统。这样一个良好的水生态格局,可以为咸宁市经济社会发展提供良好的环境,促进咸宁市经济社会可持续发展。通过横沟桥镇凉亭垴村美丽村湾示范村的建设,达到了绿化美化村庄、强化生态文明宣传、提高农民环保意识、吸引游客观光旅游、促进农民增收致富的预期目标。通过对全市各城市应急(备用)供水工程的建设,使全市范围内基本具备应急(备用)供水能力。通过对农村饮水提质及集中供水工程的实施,使城乡居民(特别是农村居民)基本具备安全饮水的条件,在饮水安全问题解决的地区,每年可以减少医药费支出约150万元。

3)带动社会资本投资

试点期间,咸宁市社会资本投资从2014年的754.6亿元上升至2016年的945.6亿元,年均增长约7.8%,全市3年GDP总量从2014年的964亿元增长至1108亿元。据不完全统计,全市水生态文明试点建设带动社会投资占全市3年GDP总量的2%左右,其中社会资本投资占比达到50%以上。通过政府和社会资本合作,创新了水生态文明建设及相关市政、环境、旅游等领域投融资机制,增强了全市经济增长内生动力。同时,通过社会资本的介入,扩大了水生态文明建设在全社会中的影响,推动了全民对水生态文明的了解与关注,进一步普及和推广了水资源节约保护与水生态文明意识。

第六章　最严格水资源管理展望

实行最严格水资源管理制度,严格水资源"三条红线"管理永远在路上,只有进行时,没有完成时。多年的最严格水资源管理实践,在取得了显著成绩和丰富经验的同时,也带来了许多有益的启示。

第一节　认清形势,践行生态文明新要求

2012年11月,党的十八大报告指出:"建设生态文明,是关系人民福祉、关乎民族未来的长远大计。面对资源约束趋紧、环境污染严重、生态系统退化的严峻形势,必须树立尊重自然、顺应自然、保护自然的生态文明理念,把生态文明建设放在突出地位,融入经济建设、政治建设、文化建设、社会建设各方面和全过程,努力建设美丽中国,实现中华民族永续发展。"同时,明确提出:"要节约集约利用资源,推动资源利用方式根本转变,加强全过程节约管理,大幅降低能源、水、土地消耗强度,提高利用效率和效益。""要把资源消耗、环境损害、生态效益纳入经济社会发展评价体系,建立体现生态文明要求的目标体系、考核办法、奖惩机制。建立国土空间开发保护制度,完善最严格的耕地保护制度、水资源管理制度、环境保护制度。"

一、生态兴则文明兴

2013年5月24日,习近平总书记在党的十八届中央政治局第六次集体学习时的讲话指出:"生态文明是人类社会进步的重大成果。人类经历了原始文明、农业文明、工业文明,生态文明是工业文明发展到一定阶段的产物,是实现人与自然和谐发展的新要求。历史地看,生态兴则文明兴,生态衰则文明衰。古今中外,这方面的事例众多。"这是对人类文明发展规律、自然规律和经济社会发展规律的历史总结,深刻论述了生态与文明的重大关系,直接揭示了生态保护建设与人类文明兴衰的本质联系。

二、绿水青山就是金山银山

2013 年 9 月，习近平总书记在哈萨克斯坦纳扎尔巴耶夫大学发表演讲时指出："我们既要绿水青山，也要金山银山。宁要绿水青山，不要金山银山，而且绿水青山就是金山银山。"三层含义：一是绿水青山、金山银山两者都要；二是在绿水青山、金山银山二选一时，则要绿水青山；三是绿水青山本身就是金山银山。深刻论述了生态与生产力的重大关系，作出保护生态就是保护生产力，改善生态就是发展生产力的科学判断，突出强调了自然生态在生产力系统中不可替代的重要作用。习近平总书记关于生态文明建设的重大战略思想，牢固树立中国特色社会主义生态观，科学把握生态环境与生产力之间的辩证关系，更加重视生态环境这一生产力要素，切实加大自然生态系统保护力度，以高度的历史责任坚决守住保护绿水青山这条红线，反对牺牲生态环境换取经济增长的发展方式，努力推动绿色发展、循环发展、低碳发展，实现生态与生产力发展的良性循环。

三、山水林田湖统筹治理

习近平总书记关于"我们要认识到山水林田湖是一个生命共同体，人的命脉在田，田的命脉在水，水的命脉在山，山的命脉在土，土的命脉在树"的重要论述，立足山水林田湖这个生命共同体，统筹自然生态各要素，科学阐述自然生态系统各个组成部分的相互关系。这是解决我国复杂生态问题的根本出路，也是加强生态建设必须始终坚持的思想方法。

四、生态就是民生福祉

习近平总书记关于"良好生态环境是最公平的公共产品，是最普惠的民生福祉"的重要论述，深刻揭示了生态与民生的关系，既是对生态产品的准确定位，又是对民生内涵的丰富发展，反映了人民群众的新需求、新期待。随着物质文化生活水平的不断提高，城乡居民的需求也在升级。不仅关注"吃饱穿暖"，还增加了对良好生态环境的诉求，更加关注饮用水安全、空气质量等议题。目前，良好生态已经成为人民群众的基本需求，生态差距已成为我国与发达国家最大的差距之一，改善生态已成为党和政府的重要任务。

2018 年 5 月在全国生态环境保护大会上，习近平生态文明思想被正式确立，将党和国家对于生态文明建设的认识提升到一个崭新的高度。

"环境就是民生，青山就是美丽，蓝天也是幸福。"水生态文明建设和最严格水资源管理是党中央和水法律赋予水行政主管部门的主要职责和首要职责。2013 年 1 月 4 日，水利部印发《关于加快推进水生态文明建设工作的意见》（水资源〔2013〕1 号），作出以下部署：

1. 落实最严格水资源管理制度

把落实最严格水资源管理制度作为水生态文明建设工作的核心,抓紧确立水资源开发利用控制、用水效率控制、水功能区限制纳污"三条红线",建立和完善覆盖流域和省、市、县三级行政区域的水资源管理控制指标,纳入各地经济社会发展综合评价体系。全面落实取水许可和水资源有偿使用、水资源论证等管理制度;加快制定区域、行业和用水产品的用水效率指标体系,加强用水定额和计划用水管理,实施建设项目节水设施与主体工程"三同时"制度;充分发挥水功能区的基础性和约束性作用,建立和完善水功能区分类管理制度,严格入河湖排污口设置审批,进一步完善饮用水水源地核准和安全评估制度;健全水资源管理责任与考核制度,建立目标考核、干部问责和监督检查机制。充分发挥"三条红线"的约束作用,加快促进经济发展方式转变。

2. 优化水资源配置

严格实行用水总量控制,制定主要江河流域水量分配和调度方案,强化水资源统一调度。着力构建我国"四横三纵、南北调配、东西互济、区域互补"的水资源宏观配置格局。在保护生态的前提下,建设一批骨干水源工程和河湖水系连通工程,加快形成布局合理、生态良好,引排得当、循环通畅,蓄泄兼筹、丰枯调剂,多源互补、调控自如的江河湖库水系连通体系,提高防洪保安能力、供水保障能力、水资源与水环境承载能力。大力推进污水处理回用,鼓励和积极发展海水淡化和直接利用,高度重视雨水和微咸水利用,将非常规水源纳入水资源统一配置。

3. 强化节约用水管理

建设节水型社会,把节约用水贯穿于经济社会发展和群众生产生活全过程,进一步优化用水结构,切实转变用水方式。大力推进农业节水,加快大中型灌区节水改造,推广管道输水、喷灌和微灌等高效节水灌溉技术。严格控制水资源短缺和生态脆弱地区高用水、高污染行业发展规模。加快企业节水改造,重点抓好高用水行业节水减排技改以及重复用水工程建设,提高工业用水的循环利用率。加大城市生活节水工作力度,逐步淘汰不符合节水标准的用水设备和产品,大力推广生活节水器具,降低供水管网漏损率。建立用水单位重点监控名录,强化用水监控管理。

4. 严格水资源保护

编制水资源保护规划,做好水资源保护顶层设计。全面落实《全国重要江河湖泊水功能区划》,严格监督管理,建立水功能区水质达标评价体系,加强水功能区动态监测和科学管理。从严核定水域纳污容量,制定限制排污总量意见,把限制排污总量作为水污染防治和污染减排工作的重要依据。加强水资源保护和水污染防治力度,严格入河湖排污口监督管理和入河排污总量控制,对排污量超出水功能区限排总量的地区,限制审批新增取水和入河湖排污口,改善重点流域水环境质量。严格饮用水水源地保护,划定饮用水水源保护区,按照"水量保证、水质合格、监控完备、制度健全"要求,大力开展重要饮用水水源地安全保障达标建设,进一步强化饮用水水源应急管理。

5. 推进水生态系统保护与修复

确定并维持河流合理流量和湖泊、水库以及地下水的合理水位,保障生态用水基本需求,定期开展河湖健康评估。加强对重要生态保护区、水源涵养区、江河源头区和湿地的保护,综合运用调水引流、截污治污、河湖清淤、生物控制等措施,推进生态脆弱河湖和地区的水生态修复。加快生态河道建设和农村沟塘综合整治,改善水生态环境。严格控制地下水开采,尽快建立地下水监测网络,划定限采区和禁采区范围,加强地下水超采区和海水入侵区治理。深入推进水土保持生态建设,加大重点区域水土流失治理力度,加快坡耕地综合整治步伐,积极开展生态清洁小流域建设,禁止破坏水源涵养林。合理开发农村水电,促进可再生能源应用。建设亲水景观,促进生活空间宜居适度。

6. 加强水利建设中的生态保护

在水利工程前期工作、建设实施、运行调度等各个环节,都要高度重视对生态环境的保护,着力维护河湖健康。在河湖整治中,要处理好防洪除涝与生态保护的关系,科学编制河湖治理、岸线利用与保护规划,按照规划治导线实施,积极采用生物技术护岸护坡,防止过度"硬化、白化、渠化",注重加强江河湖库水系连通,促进水体流动和水量交换。同时要防止以城市建设、河湖治理等名义盲目裁弯取直、围垦水面和侵占河道滩地;要严格涉河湖建设项目管理,坚决查处未批先建和不按批准建设方案实施的行为。在水库建设中,要优化工程建设方案,科学制定调度方案,合理配置河道生态基流,最大限度地降低工程对水生态环境的不利影响。

7. 提高保障和支撑能力

充分发挥政府在水生态文明建设中的领导作用,建立部门间联动工作机制,形成工作合力。进一步强化水资源统一管理,推进城乡水务一体化。建立政府引导、市场推动、多元投入、社会参与的投入机制,鼓励和引导社会资金参与水生态文明建设。完善水价形成机制和节奖超罚的节水财税政策,鼓励开展水权交易,运用经济手段促进水资源的节约与保护,探索建立以重点功能区为核心的水生态共建与利益共享的水生态补偿长效机制。注重科技创新,加强水生态保护与修复技术的研究、开发和推广应用。制定水生态文明建设工作评价标准和评估体系,完善有利于水生态文明建设的法制、体制及机制,逐步实现水生态文明建设工作的规范化、制度化、法制化。

各级水利部门要认真贯彻落实习近平生态文明思想,切实转变职能,努力做好水资源保护、节约用水、水土保持、河湖管理。

第二节 回顾总结,探索制度实践新经验

一、吸收借鉴其他省份主要经验与做法

2011 年党中央提出"实行最严格的水资源管理制度"以后,在党中央、国务院正确领导下,各地区、各部门采取有力措施,严格水资源管理,落实节约用水、取用水监管、水资源保护、河湖管理等各项措施;坚持"节水优先、空间均衡、系统治理、两手发力"的治水思路,强化水资源刚性约束,以水定城、以水定地、以水定人、以水定产,深入实施国家节水行动,促进经济社会发展方式绿色转型,取得显著成效。全国用水总量、用水效率和重要江河湖泊水功能区水质达标率均实现了"十二五""十三五"期末控制目标,为经济社会发展提供了重要支撑。"十二五""十三五"时期国家通过全面考核验收,通报表彰了一批实行最严格水资源管理的先进典型省,下面介绍 3 个典型省份的实践经验。

1. 山东省

山东省是全国第一个出台《用水总量控制管理办法》的省份,首创了区域用水总量控制管理制度。在"十二五""十三五"实行最严格水资源管理制度考核中,受到了国务院通报表彰。

山东省是沿海经济大省,又是水资源严重短缺的省份。试点期间,全省各级地方政府和部门坚持健全制度、提高能力、强化监管、落实责任,突出水资源开发利用总量控制和科学有效配置,强化用水需求和用水过程管理,实现了全省水资源使用效率和效益的明显提高、水生态环境的明显改善、经济社会发展用水保障能力的明显增强。

试点期末全省用水总量实际控制在 216.67 亿 m^3,比预控目标少用 31.47 亿 m^3;全省万元 GDP 用水量与 2010 年相比下降 16.3%,农田灌溉水有效利用系数由 0.6 提高到 0.622,走出了一条有山东特点的统筹治水、科学用水、依法管水的新路子。

一是最严格水资源管理制度框架基本形成。坚持制度建设先行,初步建立起省、市、县全覆盖的"三条红线"控制指标体系,全省仅设区市一级就出台了 120 余项落实最严格水资源管理制度的配套政策文件。

二是经济发展布局与水资源承载能力的协调性不断增强。坚持以供定需,着眼经济发

展需求与水资源禀赋条件、承载能力相适应,以严格新增取水许可为重点,细化完善建设项目水资源论证制度和审查程序,有效遏制了不合理用水需求。

三是用水结构和效率进一步优化提升。坚持强化区域用水总量控制和计划用水管理,初步形成"一控双促"的"倒逼机制",引导各地各单位"眼睛向内"挖潜,优化调整用水结构,加快转变用水方式和经济发展方式,着力提高用水效率。

四是水生态环境明显改善。坚持把保障城乡供水安全和水生态安全放在突出位置,科学划定了地下水位、工程可供水量及水功能区纳污三条警戒线,实行预警管理和应急管理。突出加强地下水超采区与海水入侵区治理,严控地下水开采,逐步关停供水管网覆盖区域内的自备井,有效促进了地下水生态环境修复。

五是社会用水秩序更加规范。坚持依法治水,加大水资源管理执法力度,重点加强了对无证取水、超采滥采地下水等违法行为的查处。建立了水政执法巡查、水行政许可稽查、重大水事违法案件督查"三项制度",对重点取用水户、重要水源地每月巡查,对新批取水项目逐一现场稽查,对非法取水重大案件实行重点督查,挂牌督办。

六是水资源管理机制不断创新。

2. 浙江省

2016 年 11 月 2 日,国务院办公厅印发《关于对"十二五"时期实行最严格水资源管理制度成绩突出的省级人民政府给予表扬的通报》(国办发〔2016〕79 号),对"十二五"期间实行最严格水资源管理制度成绩突出的浙江等 5 个省(直辖市)人民政府予以通报表扬。

"十二五"以来,浙江省以实行最严格水资源管理制度为重要抓手,加快推进节水型社会和水生态文明建设,建立了省级对设区市,设区市对县(市、区)的逐级最严格水资源管理考核制度、行政首长负责制和部门协作机制。

以浙江省金华市金东区为例。按照实行最严格水资源管理制度的总体要求,进一步加快节水型社会建设、水生态文明建设步伐,水资源管理取得显著成效,再现清水绕城、碧流入湖。特别是金东区在国民经济总量和人口双增长的情况下,用水总量不升反降。2015 年,金东区用水总量为 1.4 亿 m³,2020 年则下降到了 1.17 亿 m³。

向水而行,节水标杆创建有成效。自金东区被列入第三批节水型社会建设区以来,不断完善节水管理制度体系。近年来金东区全面深化节水型小区、节水型单位、节水型企业创建,节水优先深入推进,水资源监管力度得到强化,并以节水示范项目带动全行业节水建设。2020 年底,金东区顺利通过省级县域节水型社会达标验收,取得阶段性成效。此外,金东区连续 4 年最严格水资源管理制度考核都被评为市级优秀。

因水而治提升最严格水资源管理效能。目前,辖区内不少小区和学校都会购买先进节水设备,改造节水工艺技术和装备,推广使用节水型用水器具,这使得金东区顺利完成节水型社会达标创建工作。

近年来金东区切实落实最严格水资源管理工作,全面贯彻"节水优先、空间均衡、系统治理、两手发力"的新时代治水新思路,紧紧围绕"五水共治"工作部署,严守水资源管理"三条红线",严格落实水资源管理"四项制度",基本建立"政府主导、责任明确、全员参与"的水资源管理体系,积累了水资源管理经验。其中,扩大水资源管理覆盖面,督促用水总量控制、用水效率控制、水功能区限制纳污控制等各项措施的落实,为金东区经济社会实现高质量可持续发展提供强有力的水资源保障。

严格取水,筑就用水资源新屏障。金东区严格规范取水许可审批管理,以规范取用水资源专项行动为抓手,发现问题及时处理,完成多家企业取水许可手续的补办,拆除非法取水设施。以治水项目建设为突破口,统筹推进保供水、抓节水工作,在抓好治污水提水质工作的同时,全面做好饮用水安全和节约用水等工作。目前,金东区农村饮用水工程通过达标提标专项行动,建成了以城市供水区域网为主、单村水厂为补充的二级供水网,农村饮用水达标人口覆盖率达99%。

3. 江苏省

2021年9月28日,国务院印发《关于对"十三五"时期实行最严格水资源管理制度成绩突出的省级人民政府给予表扬的通报》(国办函〔2021〕87号),表彰"十三五"期间落实最严格水资源管理制度成绩突出的省份,江苏省荣获国务院通报表扬。

"十三五"时期,江苏各地在省委、省政府的正确领导下,将最严格水资源管理作为推进经济社会高质量发展、建设"强富美高"新江苏的重要抓手,全面强化水资源刚性约束,加强水资源优化配置和节约保护,积极探索丰水地区节水之路,取得显著成效。在地区生产总值增长44%、粮食产量增长4.7%的情况下,全省用水总量控制在500亿 m³ 以内,全省万元GDP用水量、万元工业增加值用水量分别下降28.3%、31.5%,农田灌溉水利用系数由0.598提高到0.616,国家考核重点水功能区水质达标率由65.2%提高到93.5%,各项指标逐年超额完成,有力保障了经济高质量发展。

二、全面总结湖北省的实践经验

湖北省全面实施最严格水资源管理制度以来,认真贯彻落实中央和省委实行最严格水资源管理制度的有关文件精神,多措并举,推进最严格水资源管理制度的实施,取得了一系列新成效。2015年,全省全口径用水总量为296.90亿 m³;2020年全省用水总量294.21亿 m³,低于年度控制目标365.91亿 m³。实现了全省用水总量基本不增长或微增长,支撑了湖北经济的可持续发展。

湖北省积极践行"节水优先"治水思路,以总量强度双控、农业节水增效、工业节水减排、城镇节水降损、科技创新引领等重点行动为抓手,确保节水措施落地生效,加速节水型社会建设进程,推进水资源节约集约安全利用,完成了"十三五"期间确定的主要目标和任务。但与国内外先进水平和"三新一高"要求相比,仍存在"节水体制机制和节水标准体系有待完善、节水基础设施存在短板、节水监管能力仍需加强、节水理念意识有待加强"等问题。

湖北水生态环境保护责任重大、使命光荣。以长江大保护、水污染防治攻坚、河湖长制实施等为抓手,以工业、生活、农业、航运污染"四源齐控"为主线,推进"水环境、水资源、水生态"协同共治,全省水功能区水质持续改善。2020年,全省地表水国考断面中水质优良比例为91.2%,较基准年(2015年)上升11.4个百分点;全面消除国考劣Ⅴ类断面,较基准年下降8.8个百分点;县级及以上饮用水水源地自2017年2月至2020年连续4年达标率为100%,超额完成"水十条"目标任务。"十三五"期间,全省先后出台了湖北长江大保护九大行动、长江大保护十大标志性战役、长江经济带绿色发展十大战略性举措、长江保护修复攻坚战等方案,共抓长江水生态保护修复。2017年1月,湖北省在全国率先出台《关于全面推行河湖长制的实施意见》,全省755个录入全省保护名录的湖泊和4230条长度5km以上的河流全部实行河湖长制。

严格实施最严格水资源管理制度效果显著。2016年正式实行最严格水资源管理考核以来,湖北省考核结果均为"良好""合格"等次,均按考核目标要求完成了"三条红线"考核任务,且与试点初期相比,全省用水总量得到了有效控制,用水效率显著提高,重要江河湖泊水功能区水质明显改善,制度建设和措施落实不断加强。

第三节　立足实际,创新湖北管理新举措

一、全面实行河湖长制

河湖管理保护是一项复杂的系统工程,涉及上下游、左右岸、不同行政区域和行业。由党政领导担任河湖长,依法依规落实地方主体责任,协调整合各方力量,有力促进了水资源保护、水域岸线管理、水污染防治、水环境治理等工作。抓领导、抓河湖,就是抓住了"牛鼻子"。湖北地处长江中游,境内水系发达,著名的"千湖之省",河湖管理保护形势紧迫,意义重大。

1. 提高政治站位

加强河湖管理是事关中华民族永续发展的大事,湖北省长江大保护、河湖采砂整治、湖

泊综合治理等专项行动是建设生态文明的具体举措,要认真学习领会习近平生态文明思想,把思想认识和行动统一到党中央、国务院和水利部党组的决策部署上来,切实增强做好河湖管理工作的责任感和使命感,着力解决人民群众反映强烈的河湖突出问题,打造生态优美的河湖以满足人民群众日益增长的美好生活需要,用具体实际行动践行"四个意识"和"两个维护"。

2. 狠抓工作落实

为加强河湖管理,党中央、国务院作出一系列重大部署,地方各级党委政府提出了明确工作要求,湖北省更是将河湖监管摆在行业强监管的突出重要位置。一分部署九分落实,坚定决心和信心,只争朝夕,夙夜在公,继续发扬打硬仗打胜仗的拼搏精神,立足岗位,把该落实的任务落实好,全力推进各项工作顺利完成。

3. 强化监督问责

认真学习贯彻习近平总书记"关于狠抓落实做好督查"的重要论述,围绕长江大保护、河湖采砂整治、重大问题整改、河长湖长履职等重点工作开展暗访督查。对存在瞒报漏报、清理整治不及时、不彻底、不履职、不作为等问题的有关河湖长以及责任单位、责任人,依法依规严肃追责问责,特别是对弄虚作假问题绝不姑息手软,做到真追责、敢追责、严追责。

4. 强化示范激励

继续对河湖长制工作推进力度大、成绩突出的地方给予激励,同时在不同地区打造典型示范河湖,积极建立激励奖励制度、加大典型示范建设。

二、完善保障制度建设

实行最严格的水资源管理制度,从任务上看,难在要求高;从目标上看,难在压力大;从保障上看,难在基础差。因此,它的提出对水资源管理工作内涵、方式、手段都是一种变革与挑战,是一项长期而艰巨的任务,需要政策法规、技术基础、能力建设、监管执法等予以保障,要求法律、行政、经济、技术等手段多措并举。

1. 政策保障

(1)加强立法

国家现已颁布实施了《水法》《水污染防治法》《长江保护法》《取水许可和水资源费征收管理条例》等法律、法规,水利部出台了多项关于取水许可与排污口管理等方面的规章,这一系列的水资源管理制度、规定以及规范性文件,构成了最严格水资源管理制度的法律基础。但是,面对严峻的水资源形势和落实最严格水资源管理制度的要求,全省急需进一步健全和完善用水总量控制、节约用水和水资源保护方面的配套法规,使《水法》确立的各项制度和规定在实际施行中更有操作性。

(2)理顺体制

管理体制是实行最严格水资源管理制度的组织形式,要建立健全流域与区域相结合、城市与农村相统筹、开发利用与节约保护相协调的水资源综合管理体制,强化水行政主管部门的水资源管理体制与监督职能。在水资源管理体制改革方面,合理划分水资源流域管理与行政区域管理的事权和职责范围,加强水资源统一规划、统一配置、统一调度,促进建立各方参与、民主协商、共同决策、分工负责的议事协调机制。在水务体制改革方面,推进城乡水务一体化,统筹城乡水资源评价、规划、配置、调度、节约、保护,统筹水源地建设、防洪取水、供水、用水、节水、排水、污水处理与回用等工作,实现水资源全方位、全领域、全过程的统一管理。逐步建立政企分开、政事分开、责权明晰、运转协调的水务管理体制。同时,要切实加强和健全水资源管理业务机构、体系,健全和完善工作制度,提高工作能力,确保最严格水资源管理各项制度的贯彻落实。

(3)加大投入

水资源勘测、规划、开发利用、节约保护、监督、监测以及科研、宣传教育等,都需要投入大量资金。而水资源管理工作又带有很强的公益性,实行最严格的水资源管理制度,必须建立长效、稳定的投资渠道,不断增加投入。各级水行政主管部门要积极争取政府在水资源能力建设、保障建设、节水管理、节水技术研究与推广等方面给予资金支持。资金来源采取以政府投入为主,全社会共同负担的投资政策,资金渠道主要有以下几个方面:一是财政投入。各级财政要安排节水型社会建设、地下水保护等财政专项。二是水资源费。各级水行政主管部门征收的水资源费,要按照《取水许可和水资源费征收管理条例》规定,真正用于水资源的节约、保护和管理上。三是引导企业增加节水和治理污水投入,以保障节水与治污事业的发展。要积极探索合理水价形成机制和节水、治污投入机制。四是其他资金。研究建立多元化、多渠道投入机制。

2. 能力保障

最严格的水资源管理制度,在对全社会加强水资源开发、利用、节约、保护诸方面监督管理的同时,对水行政主管部门的管理能力和方式、手段等也提出了很高要求,需要各级水行政主管部门对自身的管理机构、队伍、装备、监管方式、方法、手段,提出最严格、最高的标准和要求,并采取切实措施加以落实。

(1)加强机构与队伍建设

做好新时期水资源管理工作,要健全水资源管理机构体系。健全机构,人是第一位的,完成繁重的水资源节约、保护和管理任务,仅靠现在各级水资源机构的一个人、几个人是难以胜任的,需要建设一支政治坚定、业务精通、作风优良、廉洁勤政的高素质管理队伍。应设置经编制部门批准的水资源管理机构和节水管理机构,依法按公务员或参照公务员管理,经费实行财政全额预算。

(2)加强队伍培训

各级水行政主管部门要把水资源管理队伍的学习和终身教育作为一项重要工作纳入议事日程,常抓不懈。健全学习教育激励约束机制,对水资源管理人员参加调训、脱产进修、在职学习的组织管理、经费开支以及奖惩等问题作出明确具体的规定。创新教育培训方式,理论联系实际,运用案例讲学、情景模拟、对策研究、岗位练兵、网络教学等方式,以使水资源管理人员及时、全面了解党和国家的大政方针,熟悉相关法律、法规和规章制度,掌握现代科技和管理知识,提高水资源管理人员分析和解决实际问题的能力;建立鼓励学习、学有所用的长效机制,省、市两级水行政主管部门每年举办水资源管理人员业务培训应不少于一次,让学习成为每个水资源管理人员的内在需求和动力。

(3)加强装备建设

充分利用信息化办公手段,建立高效的取用水方面的信息采集、处理、分析、指挥、反馈、调整系统,及时判断水资源节约、保护、管理秩序状况,掌握水事秩序的共性和个性问题。配齐配强车辆、船只、勘察、通信等执法装备,采取切实有效的方式实现监管职能到位,提高执法监管队伍快速反应能力。

3. 执法保障

当前,水资源供与需、开发与保护的矛盾日益突出,不同利益主体的关系日益复杂。在湖北省水资源保护管理实践中,河湖管理范围内无序开发、违规建设、挤占河道、围垦湖泊、私采滥挖事件时有发生,引发一系列水安全和水生态问题,必须依法予以查处。各级水行政主管部门应牢固树立河道、湖泊、水域、岸线的资源意识和主管部门的责任主体意识,正确处理好资源开发利用和节约保护的关系,在保护中开发,在开发中保护。既要满足经济社会发展的合理需求,也要维护河湖的生命健康。通过最严格的执法监管使"三条红线"在社会各界真正成为不可触碰的"高压线",维护水法规的权威和正常的水事秩序。要特别抓好以下几项执法工作:

①要围绕实行最严格的水资源管理制度,依法办理水资源论证和取水许可,从源头上严把管理关。同时,要加强水行政许可的后续监管。

②建立健全水资源保护执法巡查和检查的长效机制,强化行政监督检查,开展水资源节约、保护、管理专项执法活动,严厉查处未经批准擅自建设取水设施、未经批准擅自取水和非

法围河、填湖等违法行为,坚决遏制触碰"三条红线"的行为,做到有法必依、执法必严、违法必究。

③依法依规征收水资源费,对拒缴水资源费的取用水单位和个人,要先宣传水资源费政策法规,晓之于理、动之以情、诉之于法,对仍不缴纳水资源费的"钉子户",要依法申请人民法院强制执行。

4. 技术保障

水资源管理工作是一项业务技术性很强的工作。要真正实施好最严格的水资源管理制度,必须从水资源勘测、科学考察、全面规划、开发利用、节约、保护等方面加强技术工作,提出科学的、符合当前与长远发展需要的取用水总量控制、用水效率控制以及限制纳污、保障水质的各项指标,这些都需要过硬的技术支持。长期以来,由于缺乏资金投入,水资源计量监控管理基础设施严重滞后,水资源开发利用情况主要是通过统计渠道上报汇总的,重要控制断面缺乏水文监测设施,水行政主管部门难以实施有效的监督管理。建立健全与用水总量控制、用水效率控制、水功能区管理和水源地保护相适应的监控体系是最严格水资源管理的关键。当前,各级水行政主管部门要会同发改委等有关部门,把水资源监督监测技术基础设施纳入本级水利规划和水资源规划之中,尽快予以充实和加强。充分发挥水文水资源、勘查设计等单位的技术作用,加强水质、水量技术监测和水资源公报编制工作,提高水资源公报的时效性、权威性和影响力。在每年的 3 月 22 日"世界水日",通过政府新闻发布会的形式,发布上年度水资源公报,向社会公布本地水事基本情况,以便全社会了解掌握重要的水资源及其相关信息,为开展计划用水、节约用水、取水许可审批、水资源费征缴、水事纠纷处理等水事管理活动提供依据。

三、开展"十四五"指标分解科学分析

1. 2020、2030 年指标分解情况

根据《国务院办公厅关于实行最严格水资源管理制度考核办法的通知》(国办发〔2013〕2号),湖北省用水总量控制目标为:2015 年控制在 315.51 亿 m³ 以内,2020 年控制在 365.91亿 m³ 以内,2030 年控制在 368.91 亿 m³,见表 6-3-1。

用水效率控制目标为:2015 年万元工业增加值用水量比 2010 年下降 35％以上,农田灌溉水有效利用系数提高到 0.496 以上。其中,2020 年和 2030 年用水效率控制目标国家暂未分解下达,后期再另行制定。

水功能区水质达标率目标为:2015 年提高到 78％以上,2020 年提高到 85％以上,2030年提高到 95％以上。

表 6-3-1 湖北省"三条红线"控制指标情况

控制指标		2015 年	2020 年	2030 年
用水总量（亿 m³）		≤315.51	≤365.91	≤368.91
用水效率	万元 GDP 用水量降幅（%）	/	≥30%	暂未下达
	万元工业增加值用水量降幅（%）	≥35	≥30	暂未下达
	农田灌溉水有效利用系数	≥0.496	≥0.524	暂未下达
水功能区水质达标率（%）		≥78%	≥85%	≥95%

其中，国家下达湖北省的 2030 年用水总量控制指标 368.91 亿 m³，在全国位居第 5 位，比湖北省指标多的分别是江苏、新疆、广东、黑龙江等 4 省（自治区）。国家在分配用水总量控制指标时，主要综合考虑区域的人口数量、耕地情况、国内生产总值和工业产值等生活生产要素，分配全省的 2030 年用水总量控制指标总体上可保障经济社会长期平稳较快发展，基本与湖北省较为丰富的水资源禀赋条件相适应。2030 年用水效率控制指标暂未下达，但湖北省作为南方丰水地区，用水效率比北方地区及长江流域发达省份偏低，总体上来看，实际用水效率在全国位居第 20 位左右。2030 年水功能区水质达标率，各省均与全国总体目标一致，为 95%。

2."十四五"指标下达情况

2021 年 12 月，水利部印发了《2021 年度实行最严格水资源管理制度考核控制目标》（水资管函〔2021〕196 号），湖北省 2021 年度用水总量控制目标同 2025 年目标值，为 318 亿 m³，万元 GDP 用水量和万元工业增加值用水量比 2020 年均下降 3.4%，农田灌溉水有效利用系数 0.531，重要江河湖泊水功能区水质达标率控制目标为 92.5%。

2022 年 3 月 11 日，水利部、国家发改委联合印发了"十四五"各省、自治区、直辖市用水总量和强度双控目标，湖北省 2025 年用水总量控制目标 318 亿 m³（其中：非常规水源利用量 4.0 亿 m³），2025 年万元 GDP 用水量和万元工业增加值用水量比 2020 年均下降 16%，农田灌溉水有效利用系数 0.545（注：分配给湖北省的用水总量指标为考核口径）。

3."十四五"指标分解方法探讨

随着经济社会的发展，水资源管理要完整、准确、全面贯彻新发展理念，坚持"十六字"治水思路，实行最严格的水资源管理制度是建立水资源刚性约束的重要举措，其核心是围绕水资源的配置、节约和保护建立水资源管理的"三条红线"，即用水总量红线、用水效率红线和排污总量红线。用水总量红线控制是强化水资源管理的约束力，优化水资源配置，提高区域用水效率。因此，各地区用水总量控制指标的合理分配是水资源可持续利用、区域经济社会可持续发展的根本保障。

近日,水利部、国家发改委联合发布《关于印发"十四五"用水总量和强度双控目标的通知》,明确了湖北省"十四五"用水总量和强度双控目标。为了科学合理地将"十四五"用水总量指标分解到各地区,下面通过对用水总量控制指标分解的方法进行探讨,为湖北省开展用水总量控制管理实践提供技术和实践依据。

（1）用水总量控制指标分解的原则

1）基于现状,尊重现实

充分考虑近年来各地市水资源开发利用情况,分析各地开发利用水平和变化,综合评价并进行指标分解。

2）加强节水,适度发展

按照习近平总书记十六字治水方针,节水是湖北省水资源管理中常抓不懈的重要工作,在2025年需水预测中按照强化节水工作要求进行评价。具体结合用水效率指标以及全省经济发展战略,对重点区域工业发展、城镇化水平及用水需求等方面进行综合评价。

3）统筹考虑,合理配置

湖北省各地市水资源条件、经济发展水平等均有所差异,应本着统筹兼顾的原则,妥善处理经济领先地区与相对落后地区、城市与农村、开发与保护、近期与远期等各方面的关系,统筹协调生活、生产和城乡环境用水等,合理分配用水总量指标。

（2）用水总量控制指标分解方法

影响用水总量控制的因素较多,包括地区的水资源现状及开发利用状况,经济社会发展对水资源的需求,用水行业产业结构及水生态环境状况多个方面,且各因素之间关系复杂。因此,其分解关系到地区人口数量、经济规模和持续发展等,目前没有统一的方法。本书立足不同侧重点,探讨"十四五"用水总量指标分解方法。

1）基于2021年现状用水量的分解方法

2020年湖北省受疫情影响严重,大部分企业停工停产,导致用水量不能正常地反映经济社会发展水平。2021年湖北省逐步恢复生产,同时用水直报系统也逐步走上正轨,统计数据能较好地反映各地区用水水平,因此,基于2021年的现状水量对"十四五"用水总量指标进行分解。具体计算公式如下：

$$Q_{地区} = Q_{全省} \times \frac{q_{地区2021}}{q_{全省2021}} \tag{6.1}$$

式中：$Q_{地区}$——地区"十四五"用水总量指标；

$Q_{全省}$——湖北省"十四五"用水总量指标；

$q_{地区2021}$——地区2021年用水量；

$q_{全省2021}$ —— 湖北省 2021 年用水量。

此方法仅考虑了 2021 年现状用水量,年度用水量受当年降水情况、社会经济生产情况等影响,存在一定偶然性,因此该方法存在考虑因素比较单一的局限性。

2)综合考虑现状用水量与"十四五"末期预测水量的分解方法

该方法依据统计年鉴、水资源公报、各地区"十四五"规划纲要等基础资料,充分考虑各地区、各行业实际情况,在与用水效率相协调的前提下,预测"十四五"期末用水量。以 2021 年用水量为分水基础,根据预测水量与 2021 年用水量的差值按比例分配富余水量。

$$Q_{地区} = q_{地区2021} + Q_{富余} \times \frac{q_{差值}}{q_{全省差值}} \tag{6.2}$$

式中:$Q_{富余}$ —— 湖北省"十四五"用水总量指标与基础水量差值;

$q_{差值}$ —— 地区 2025 年预测水量与现状用水量差值;

$q_{全省差值}$ —— 湖北省 2025 年预测水量与现状用水量差值;

其余符号同前。

此方法考虑了经济社会发展和 2021 年现状用水量,但由于各地区"十四五"规划的经济指标差距较大,导致部分地区预测水量小于现状值,分解结果无法满足现状用水。

3)综合考虑历史分水指标与现状用水量的分解方法

该方法选取 2015 年用水总量指标与 2021 年现状用水量中较大者作为基础水量,再依据 2021 年现状用水占比分配富余水量。分配富余水量时,考虑全省 5 个地区的直流火电用水折算水量不参与指标分配和部分地区 2015 年分水指标远高于现状用水量的情况,采取不同的权重系数,见式(6.3)。

$$Q_{地区} = \max(q_{地区}, Q_{2015}) + Q_{富余} \times k_i \times \frac{q_{地区2021}}{q_{全省2021}} \tag{6.3}$$

式中:Q_{2015} —— 地区 2105 年用水总量指标;

k_i —— 不同情形的分水权重系数($i = 1, 2, 3 \cdots$);

其余符号同前。

该方法考虑了湖北省最初分解到各地区的分水指标和 2021 年现状用水量,且选取基础水量时兼顾了各地区不同的情形,但是分水权重系数受人为因素影响较大。

4)考虑历年水量与考核结果的分解方法

该方法以 2015 年用水总量指标为基础水量,依据各地区 2015—2021 年考核结果占比与 2015—2021 年平均用水量占比,根据不同权重分配富余水量,见式(6.4)。

$$Q_{地区} = Q_{2015} + Q_{富余} \times (\alpha A_{平均} + \beta B_{考核}) \tag{6.4}$$

式中：$A_{平均}$——地区 2015—2021 年平均用水量占湖北省比例；

$B_{考核}$——地区考核结果占湖北省比例；

α、β——权重系数，$\alpha + \beta = 1(\alpha < 1, \beta < 1)$；

其余符号同前。

5)考虑历史用水量、现状用水量和历史考核结果的分解方法

该方法综合考虑 2015—2020 年历史用水量与 2021 年现状用水量各取 50% 作为分水基础水量，并将历年考核结果数值化，再依据各地区 2015—2021 年考核结果与分水基础水量占比，根据不同权重分配富余水量，见式(6.5)。

$$Q_{地区} = q_{基准} + Q_{富余} \times (\alpha B_{考核} + \beta C_{基准}) \tag{6.5}$$

式中：$q_{基准}$——地区分水基础水量；

$C_{基准}$——地区分水基础占湖北省比例；

其余符号同前。

该方法分解用水总量指标时考虑了历史用水量、现状用水量和历年考核结果，其中历年考核结果是各地区落实最严格水资源管理制度工作的直接反馈，能够让各地更加重视最严格水资源管理制度，对于推进水资源管理工作具有积极作用。但权重系数对结果存在不同程度的影响，决策者确定权重系数时需要全面考虑。

4. 结语

上述用水总量指标分解原则、计算方法，为湖北省"十四五"用水总量指标分解提供了新的思考，进一步丰富了用水总量指标分解的研究体系。由于用水总量指标分解涉及面广，具有一定的复杂性与不确定性，真正落实到实践管理中，其客观合理性还有待检验，因此探讨的各种方法研究还有待进一步完善和发展，需加强以下几个方面的研究：

①结合效率指标，分析分解结果的合理性。几种分解方法虽考虑了多方面因素，但是仅针对用水总量指标进行了分解，需进一步分析效率指标，全面考虑水资源配置情况。

②用水总量指标分解虽考虑了历史用水量、现状用水量、预测用水量和历年考核结果等因素，但由于侧重点不同，未将上述所有因素综合考虑，未来研究可以再纳入更多因素进行研究探讨，使得指标分解更加周全。

③从公平性考虑，对所有地区应采取同一种方法进行指标分解。地区分解到县级行政区时，不同地区可以根据本地区实际情况，采取合适方法进行分解，增加用水总量指标分解方法的丰富性。

四、倡导全社会参与

实行最严格的水资源管理制度，严格水资源"三条红线"管理是一项社会系统工程，涉及

社会的方方面面,需要全社会广泛参与。要制定水资源开发、利用、节约、保护、监管宣传方案,将水资源、水生态、水环境和"两型"社会建设纳入重大主题宣传活动,开展好一年一度的"世界水日""世界环境日""中国水周""12·4法制宣传日"活动,组织企事业单位、机关、学校、社区等开展经常性的水资源开发、利用、节约、保护宣传活动。

节水与治污工作是备受全社会关注的大事,涉及各个阶层、各个方面。尽管近年来各级各部门在加强节水与治污宣传方面做了很多工作,但在水的资源意识、水的忧患意识、水的商品价值以及惜水、节水、爱护水意识等方面还存有很多不相适应的地方,水资源浪费与水污染现象依然大量存在。因此,需要进一步加大宣传力度,大力宣传节水与治污方针、政策、法规和科学知识,特别是要加强对新水法和节水与治污典型经验的宣传。同时,要建立健全节水与防治水污染工作的社会监督体系,多形式、多层次组织社会公众参与节水与治污工作,不断提高节水与治污宣传的质量和效果。

要充分发挥各种新闻媒体及水行政主管部门公报、简报等媒介的作用,注重利用互联网等新兴传播渠道和方式,加大《水法》《水污染防治法》《长江保护法》《取水许可和水资源费征收管理条例》等法律、法规和基本水情的宣传教育,进一步增强全社会的水忧患意识和水资源节约保护意识。自觉接受社会各界对水资源开发、利用、节约、保护和管理工作的监督,对群众和媒体反映的问题,要及时调查并反馈,做到"件件有回音、事事有结果",对在开发、利用、节约、保护、管理水资源和建设节水防污型社会等方面成绩显著的单位和个人,报请政府依法给予表彰;对污染水资源、浪费水资源、无证取水、非法填湖等现象予以揭露和曝光,提高全社会珍惜水、节约水、保护水意识。